ISW 52

Berichte aus dem Institut für Steuerungstechnik
der Werkzeugmaschinen und Fertigungseinrichtungen
der Universität Stuttgart

Herausgegeben von Prof. Dr.-Ing. G. Stute †

R. OHNHEISER

Integrierte Erstellung numerischer Steuerdaten für flexible Fertigungssysteme

Springer-Verlag Berlin Heidelberg GmbH 1984

D 93

Mit 54 Abbildungen

ISBN 978-3-540-13582-1 ISBN 978-3-662-07939-3 (eBook)
DOI 10.1007/978-3-662-07939-3

Ursprünglich erschienen bei Springer-Verlag Berlin · Heidelberg · New York · Tokyo 1984

2362/3020-543210

Vorwort

Die vorliegende Arbeit entstand während meiner Tätigkeit als wissenschaftlicher Mitarbeiter am Institut für Steuerungstechnik der Werkzeugmaschinen und Fertigungseinrichtungen (ISW) der Universität Stuttgart.

Die Voraussetzungen und Grundlagen für meine Promotion wurden durch den verstorbenen Institutsleiter, Herrn Prof. Dr.-Ing. G. Stute, geschaffen, dem ich zu besonderem Dank verpflichtet bin. Herrn Prof. Dr.-Ing. A. Storr danke ich für seine Unterstützung und seine kritischen Anregungen bei der Erstellung dieser Arbeit.

Herrn Prof. DTech. h. c. Dipl.-Ing. K. Tuffentsammer gilt mein Dank für die Obernahme des Mitberichts.

Allen Kollegen der Gruppe 5, insbesondere den Herren Dipl.-Ing. R. Donn und Dipl.-Ing. S. Chmielnicki, sowie allen Mitarbeitern und Studenten des Instituts, die zum Gelingen dieser Arbeit beigetragen haben, danke ich für ihre Hinweise.

Geleitwort des Herausgebers

Das Institut für Steuerungstechnik der Werkzeugmaschinen und Fertigungseinrichtungen der Universität Stuttgart befaßt sich mit den neuen Entwicklungen der Werkzeugmaschinen und anderen Fertigungseinrichtungen, die insbesondere durch den erhöhten Anteil der Steuerungstechnik an den Gesamtanlagen gekennzeichnet sind. Dabei stehen die numerisch gesteuerten Werkzeugmaschinen in Programmierung, Steuerung, Konstruktion und Arbeitseinsatz sowie die vermehrte Verwendung des Digitalrechners in Konstruktion und Fertigung im Vordergrund des Interesses.

Im Rahmen dieser Buchreihe sollen in zwangloser Folge drei bis fünf Berichte pro Jahr erscheinen, in welchen über einzelne Forschungsarbeiten berichtet wird. Vorzugsweise kommen hierbei Forschungsergebnisse, Dissertationen, Vorlesungsmanuskripte und Seminarausarbeitungen zur Veröffentlichung.

Diese Berichte sollen dem in der Praxis stehenden Ingenieur zur Weiterbildung dienen und helfen, Aufgaben auf diesem Gebiet der Steuerungstechnik zu lösen. Der Studierende kann mit diesen Berichten sein Wissen vertiefen.

Unter dem Gesichtspunkt einer schnellen und kostengünstigen Drucklegung wird auf besondere Ausstattung verzichtet und die Buchreihe im Fotodruck hergestellt.

Der Herausgeber dankt dem Springer-Verlag für Hinweise zur äußeren Gestaltung und Übernahme des Buchvertriebs.

Inhaltsverzeichnis Seite

Abkürzungen, Begriffe und Kurzdefinitionen, Programmnamen, Sprachworte, Bezeichnungen 7

1 Einleitung und Aufgabenstellung 11

2 Analyse der NC-Steuerdatenerstellung bei flexiblen Fertigungssystemen 15
2.1 Informationsfluß 15
2.2 NC-Steuerdatenbedarf und -erstellung 17
2.3 Programmiersysteme für das Bearbeiten und Messen 19
2.3.1 Basisprogrammiersysteme 20
2.3.1.1 Kriterien zur Auswahl 21
2.3.1.2 Auswahl 22
2.3.1.3 Implementierter Ausgangszustand 22
2.4 Aufstellung des Anforderungskatalogs 25

3 Aufstellung des integrierten Gesamtkonzepts 28
3.1 Phasen der NC-Steuerdatenerstellung 28
3.2 Zusatzfunktionen 30
3.3 Struktur des integrierten Konzepts 33

4 Integrierte CAM/CAQ-Geometriedatenerstellung und -speicherung 36
4.1 Alternative Konzepte 38
4.1.1 Transformation der Bearbeitungsgeometrie 39
4.1.1.1 Übernahme von 2D-Elementen 39
4.1.1.2 Flächengenerierungsprinzip 40
4.1.2 Weiterverwendung der Meßgeometrie 41
4.1.3 Zentrale fertigungsbezogene Geometriedatenerstellung 42
4.1.4 Konzeptbewertung und -auswahl 44
4.1.4.1 Beurteilungskriterien 44
4.1.4.2 Nutzwertberechnung 46
4.2 Entwurf des Geometriedatenmodells 49
4.2.1 Informationsbedarf beim Bearbeiten und Messen 49

4.2.2 Informationsbedarf beim Spannen 51
4.2.3 Informationsbedarf beim NC-Handhaben 52
4.2.4 Informationsbedarf für grafische Darstellungen 53
4.2.5 Geometriedaten in CAD-Systemen und für Zeichnungsausgaben 53
4.2.6 Geometrische Elemente und Modellgestaltung 56
4.3 Realisierung der Geometriedatenbasis 61
4.3.1 Programmierung und Definitionen 61
4.3.1.1 Teileprogrammanweisungen 61
4.3.1.2 Geometriedateneingabe über CAD-Systeme 64
4.3.2 Rechnerinterne Darstellungen und Speicherungsstruktur 65
4.3.3 Processoraufbau 68

5 Anwendung integrierter Geometriedaten 71
5.1 Integration von EXAPT und N.C.M.E.S. 72
5.2 Grafische Darstellungen 75
5.2.1 Dialogprogrammierung 76
5.2.2 Raumpunkteberechnung 78
5.2.3 Bildpunkteberechnung 81
5.2.4 Farbgrafische Darstellungen 85
5.2.4.1 Gerätetechnische Einflußfaktoren 86
5.2.4.2 Ermittlung der Rasterpunkte 88

6 Flexible Teilepogrammerstellung und -verarbeitung 92
6.1 Segmentierung 92
6.2 Ermittlung einsetzbarer Maschinen 94
6.2.1 Maschinenkennzifferndatei 95
6.2.2 Bearbeitungsanforderungsanalyse 98
6.2.3 Vergleich des Werkstückvektors mit den Maschinenvektoren 101
6.3 Maschinenauswahl und NC-Steuerdatenerstellung 102

7 Zusammenfassung 106

Schrifttum 108

Abkürzungen, Begriffe und Kurzdefinitionen

APT	Automatically Programmed Tools; fertigungstechnisch orientiertes Programmiersystem
bit	binary digit; kleinste Darstellungseinheit für Binärdaten
CAD	Computer Aided Design; rechnerunterstütztes Konstruieren
CAM	Computer Aided Manufacturing; rechnerunterstützte NC-Programmierung und Fertigung
CAP	Computer Aided Planning; rechnerunterstützte Arbeitsplanerstellung
CAQ	Computer Aided Quality Assurance; rechnerunterstützte Qualitätssicherung
CIDATA	Control Inspection Data; NC-Steuerdaten für Mehrkoordinatenmeßgeräte
CLDATA	Cutter Location Data; Werkzeugpositionsdaten
CLUT	Colour Look up Table; Farbtabelle
DIN	Deutsches Institut für Normung
DNC	Direct Numerical Control; Rechnerdirektsteuerung
EXAPT	Extended Subset of APT; fertigungstechnisch orientiertes Programmiersystem
FFS	Flexibles Fertigungssystem
FORTRAN	Formula Translation; technisch-naturwissenschaftliche Programmiersprache
GKS	Graphisches Kernsystem; standardisierte Software für graphische Ausgaben
GMDATA	General Measuring Data; Tasterpositionsdaten
IGES	Initial Graphics Exchange Specification; standardisierte Schnittstelle für Ausgaben von CAD-Systemen
NC	Numerical Control; numerische Steuerung
N.C.M.E.S.	Numerical Controlled Measuring and Evaluation System; Programmiersystem für Mehrkoordinatenmeßgeräte
Pixel	Picture Element; Bildpunkt bei Bildschirmsystemen
PP	Postprocessor; Nachverarbeitungsprogramm
RID	Rechnerinterne Darstellung

Progammnamen

AUSR	Modul zur Werkstückausrichtung
AUTOGO	Modul zur automatischen Tasterwegbestimmung
BODY	Modul zur Verarbeitung von Volumenelementen
CLDAT2	Modul zur CLDATA-Ausgabe
CONTUR	Modul zur Verarbeitung von Konturanweisungen
CUTVAL	Modul zur Schnittwertermittlung
DAFES	Datenfile-Erstellungssystem
EGGEOD	Modul zur Verarbeitung von 2D-Anweisungen
EINGAB	Modul zur Interpretation von Sprachanweisungen
FAHR	Modul zur Aufbereitung von Fahr- und Positionieranweisungen
FARKON	Modul zur Generierung von Verfahrwegen bei Konturen
FEHLER	Modul zur Fehlermeldung
MASTER	Modul zur Processorablaufsteuerung
MAPEX	Verwaltungssystem für technologische EXAPT-Dateien
MESMOD	Modul zur Meßpunktgenerierung
MODIOS	Modul-Input-Output-System; Datenverwaltungssystem
MOTION	Modul zur Ausgabe von Bewegungsrecords
PRUEFS	Modul zur Bestimmung der Prüfschärfe bei Losgrößen
TECEX1	Modul zur Aufbereitung der Bohr- und Frästechnologie
TECEX2	Modul zum Einbezug von Technologiedateien
TECHNM	Modul zur Verarbeitung von Tasterdaten und Toleranzen
THREED	Modul zur Verarbeitung von 3D-Anweisungen
SIEB	Modul zur GMDATA-Ausgabe

Sprachworte

ALL	Alle Elemente
AUTO	Automatisch
BACK	Rückseitige Begrenzung
BASE	Grundfläche
BODY	Volumenelemente
CARDNO	Kartennummer

CALL	Unterprogrammaufruf
CIR	Modifikator für Kreis
CIRCLE	Hauptwort für Kreis
CON	Modifikator für Kegel
CONE	Hauptwort für Kegel
CONEL	Verknüpfung von Meßpunkten
CONTUR	Hauptwort für Kontur
CUBOID	Hüllquader
CUR	Modifikator für Kontur
CUT	Bearbeitungsstellenaufruf
CYL	Modifikator für Zylinder
CYLNDR	Hauptwort für Zylinder
DEPTH	Tiefe
DIAMET	Durchmesser
DRILL	Bohren
FEDRAT	Vorschub
FINI	Teileprogrammende
GETTH	Durchdringung
GOTO	Verfahren zu einem Punkt
IF	Bedingter Sprung
IN	Hohlkörper
JUMPTO	Unbedingter Sprung
LINE	Gerade
LIMIT	Seitliche Begrenzung
MACHIN	Postprocessoraufruf
MACRO	Unterprogrammdefinition
MEASEL	Meßpunktgenerierung und -auswertung
MEASPT	Meßpunktgenerierung
NEGX,NEGY, NEGZ	Anfahrrichtung des Meßtasters in negativer x-, y- bzw. z-Richtung
NOMORE	Ende eines Bereichs
ON	Beginn eines Bereichs
OUT	Vollkörper
PARTNO	Teileprogrammbezeichnung
PATERN	Punktmuster
PLA	Modifikator für Ebene
PLANE	Hauptwort für Ebene

POINT	Punkt
POSX,POSY, POSZ	Anfahrrichtung des Meßtasters in positiver x-, y- bzw. z-Richtung
PPFUN	Postprocessorfunktion
PRINT	Textausgabe
RAPID	Eilgang
ROTABL	Drehtischsteuerung
SAFPOS	Sicherheitsposition
SEGMT	Segmentierung
SPH	Modifikator für Kugel
SPHERE	Hauptwort für Kugel
TERMCO	Unterprogrammende
TOOLNO	Werkzeug-, Tasteraufruf
TOP	Obere Begrenzungsfläche
TRANS	Verschiebung des Werkstückkoordinatensystems
VECTOR	Vektor
WORK	Bearbeitungsaufruf
XMAX,XMIN	Maximaler bzw. minimaler x-Wert
YMAX,YMIN	Maximaler bzw. minimaler y-Wert
ZMAX,ZMIN	Maximaler bzw. minimaler z-Wert
ZSURF	Z-Ebene

Bezeichnungen

D	Abstand vom Ursprung
E	Beleuchtungsstärke
EX, EY, EZ	Komponenten eines normierten Vektors
N_{Ges}	Gesamtnutzwert
R	Radius
x, y, z	Koordinaten eines Punktes

1 Einleitung und Aufgabenstellung

Veränderte Forderungen an die Fertigungstechnik durch abnehmende Bedarfsmengen und rasche Anpassungen an Produktänderungen bedingen kleine Losgrößen, die kostengünstig bei hohem Qualitätsniveau zu produzieren sind /1/. Die daraus resultierenden Auswirkungen variierender Bearbeitungsaufgaben beeinflussen die Gestaltung und Auslegung der Fertigungssysteme und erfordern Maßnahmen zur Erhöhung der Flexibilität /2,3,4/.

Hier können vorteilhaft flexible Fertigungssysteme (FFS) zum Einsatz kommen, die aus mehreren verketteten Einzelmaschinen bestehen und in einer nicht durch Umrüsten unterbrochenen Folge verschiedene Werkstücke gleichzeitig bearbeiten /5/. Sie sind damit gekennzeichnet durch eine Reihe von Fertigungseinrichtungen, die über ein gemeinsames Steuer- und Transportsystem verknüpft sind. Ihre Abgrenzung zu anderen Fertigungssystemen hinsichtlich der Kriterien Flexibilität und Produktivität wird darüber hinaus in verschiedenen Veröffentlichungen dokumentiert /3,4,6/.

Die im Steuersystem zu verarbeitenden Informationen gliedern sich entsprechend den Steuerungsaufgaben in zwei Gruppen /7/:

- technische und
- organisatorische Vorgabedaten.

Die organisatorischen Vorgabedaten betreffen den örtlichen und zeitlichen Fertigungsablauf. Wesentlicher Bestandteil der technischen Vorgabedaten sind die NC-Daten, deren integrierte Erstellung unter Berücksichtigung der noch zu analysierenden, für FFS spezifischen Forderungen Gegenstand der folgenden Ausführungen sein wird.

Das Ergebnis einer Untersuchung der aus /3,8,9,10/ ersichtlichen Merkmale von realisierten und in Planung befindlichen FFS zeigt Bild 1.1 in zusammenfassender Darstellung. Die überwiegende Anzahl aller Anlagen dient der Fertigung prismatischer Werkstücke auf sich ersetzenden oder sich ersetzenden und er-

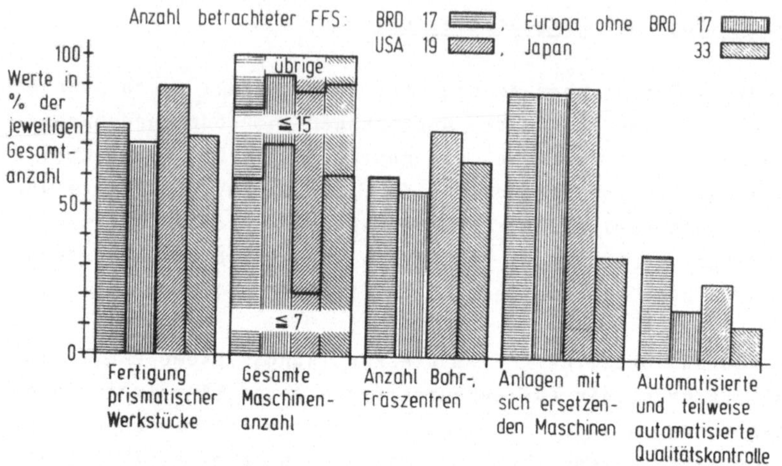

Bild 1.1: Kennzeichen von FFS

gänzenden Maschinen zur Bohr- und Fräsbearbeitung. Mit 50 ... 250 unterschiedlichen Werkstücken ist dabei die Werkstückvielfalt bei den in der Bundesrepublik Deutschland installierten FFS am höchsten.

Bei der automatisierten Qualitätskontrolle werden zum einen dem Werkstückspektrum entsprechende spezielle Meßgeräte aufgeführt /9/, jedoch finden zunehmend Mehrkoordinatenmeßgeräte Anwendung, die durch Ausführung unterschiedlicher Meßaufgaben in Verbindung mit dem Einsatz numerischer Steuerungen /11/ und rechnerunterstützter maschinenferner Programmiermethoden /12,13/ weitgehende Flexibilität ermöglichen /8,14,15/.

Als entscheidende Schwachstelle bei der Einführung und Nutzung von FFS wird die unzureichende Verfügbarkeit von Software genannt. Im Mittelpunkt von Forderungen nach der Entwicklung integrierter Datenverarbeitungssysteme steht die Verknüpfung des technischen mit dem organisatorischen Informationsfluß /3,5,7,16,17/.

Daraus lassen sich Schwerpunkte für notwendige Arbeiten im Bereich der NC-Programmierung ableiten, die in erster Linie für die mehrheitlich installierten FFS zur Fertigung prismatischer Werkstücke durch Bohr-/Fräsbearbeitung mit integrierter Qualitätskontrolle von Bedeutung sind. In Analogie zu den verketteten Fertigungseinrichtungen ist hierfür eine integrierte NC-Steuerdatenerstellung vorzusehen. Primär sind dabei die Geometriedaten und deren Anwendung bei verschiedenen Fertigungsverfahren zu betrachten, die sowohl bei der Bearbeitung als auch beim Messen die zentralen Werkstückinformationen darstellen.

Im Sinne des angestrebten geschlossenen Informationsflusses von der Konstruktion (CAD-Bereich) zur Fertigungsplanung (CAP- und CAM-Bereich) und dem Qualitätswesen (CAQ-Bereich) /18,19/ sind die von CAD-Systemen bereitgestellten Daten zu berücksichtigen. Vorgestellte Integrationslösungen und -ansätze beziehen sich ausschließlich auf die Kopplung von CAD-Systemen mit Programmiersystemen zur NC-Steuerdatenerstellung für die Bearbeitung bzw. sind auf einzelne Systeme oder bestimmte Verfahren, wie Drehen, Nibbeln usw., beschränkt /20,21,22/. Neuere Entwicklungen stellen auch Verknüpfungen von CAD- und CAM-Systemen mit Programmiersystemen zur Arbeitsplanerstellung vor /19,23/.

Für eine weitergehende Integration insbesondere unter Einbezug der Qualitätskontrolle ist deshalb die eindeutige Definition, Transparenz und Zugänglichkeit von Schnittstellen zu gewährleisten, die den Bedürfnissen der Fertigungstechnik gerecht zu erarbeiten sind.

Neben dem Aufbau eines integrierten Datenverarbeitungssystems müssen bei der Teileprogrammerstellung die erkennbaren Tendenzen für Systemanwendung und -ausstattung beachtet und weiterentwickelt werden /24,25,26/, die mit

- vermehrtem Einsatz grafischer Hilfmittel und Kontrollfunktionen sowie
- Einsatz von im Mehrbenutzerbetrieb arbeitenden Rechnern mit Dialogeingabe über Bildschirme

charakterisiert werden können.

Nach der integrierten Teileprogrammerstellung (planende Ebene) sind bei der Teileprogrammverarbeitung zur NC-Steuerdatengenerierung die Variablen der nachgeschalteten, übergeordneten Prozeßsteuerung (dispositive Ebene) zu berücksichtigen, die zusammen mit der operativen Ebene der Fertigungseinrichtungen eine hierarchische Struktur bilden /27,28/. Diese Variablen resultieren aus Umdispositionen der Maschinenbelegung, Variationen der Arbeitsvorgangsfolge, Werkzeugaustausch usw. und beeinflussen direkt den Inhalt und Um¯ang der NC-Programme /29/. Entsprechend /5/ ist demnach eine automatische Verbindung zwischen dem Prozeß und der Erstellung von NC-Programmen aufzubauen.

Zur Gewährleistung der übertragbaren Nutzbarkeit von Programmen sind bei deren Entwicklung im Rahmen dieser Ausführungen die nachstehenden Prämissen vorgegeben:

- Weitgehende Verwendung vorhandener Softwarekomponenten durch konsequenten Einsatz von Programmiertechniken und Dateiennutzung des angewandten Programmiersystems. Damit kann auf erprobten Teilen aufgebaut und das Wartungs- sowie Verantwortungsproblem für die Software eindeutig gelöst werden.
- Modulare Programmstruktur mit klarer Definition und Beachtung von Schnittstellen als Voraussetzung zur Mehrfachverwendung von Programmen.

Unter diesen Gesichtspunkten ist es das Ziel dieser Arbeit, die integrierte NC-Steuerdatenerstellung bei flexiblen Fertigungssystemen mit den Schwerpunkten der integrierten Geometriedatenerstellung und -anwendung sowie der prozeßorientierten NC-Programmerstellung zu behandeln. Demnach besteht ein Integrationsziel in der Verknüpfung der Teileprogrammerstellung für Bearbeitungsmaschinen und für Mehrkoordinatenmeßgeräte, die in der Fertigungsplanung stattfindet. Das zweite wesentliche Integrationsziel strebt die bei flexiblen Fertigungssystemen notwendige rechnerinterne Verknüpfung der Fertigungsplanung mit der Prozeßsteuerung an, um den Datenerstellungs-, Speicherungs- und Rechenaufwand zu reduzieren, ohne die Flexibilität einschränken zu müssen. Die Begründung dieser Forderungen soll nachfolgend durch Analysen und praktische Erfahrungen erbracht werden.

2 Analyse der NC-Steuerdatenerstellung bei flexiblen Fertigungssystemen

Nach der Untersuchung der strukturellen Zusammenhänge des Informationsflusses von der Konstruktion bis zu den Fertigungseinrichtungen kann die Analyse der in FFS benötigten NC-Daten und ihrer derzeitigen Erstellungsmethoden zur Erarbeitung eines Pflichtenheftes für ein integriertes Konzept führen. Aufbauend auf den auszuwählenden Basisprogrammiersystemen als Grundlage für Weiterentwicklungen hat sich daran die Detaillierung und Realisierung der erforderlichen Erweiterungen und Zusatzfunktionen anzuschließen.

2.1 Informationsfluß

Der Informationsfluß bei Erstellung und Anwendung von NC-Steuerdaten durchläuft und verknüpft die Bereiche Konstruktion, Fertigungsplanung sowie Prozeßsteuerung und endet bei den prozeß-

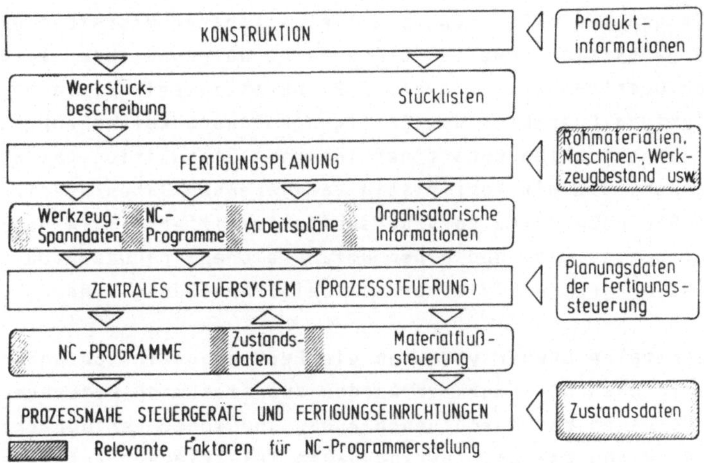

Bild 2.1: Struktur des Informationsflusses bei der NC-Fertigung

nahen Steuergeräten (Bild 2.1). Die Funktionen der einzelnen Bereiche ergeben sich aus den in Bild 2.1 aufgeführten Ein- und Ausgabeinformationen, soweit sie für die NC-Programmierung von Interesse sind.

Die Konstruktion stellt die Beschreibung des Werkstücks (Geometrie) bereit, wobei die Form der Informationen, seien es Zeichnungen oder Geometriedaten eines CAD-Systems, funktional sekundär ist. Daraus werden in der Fertigungsplanung die einzelnen Schritte vom Rohmaterial bis zum bearbeiteten und geprüften Werkstück unter Berücksichtigung anwendbarer und verfügbarer Verfahren, Maschinen und Werkzeuge abgeleitet. Ergebnisse sind Arbeitspläne, die in FFS aus Gründen der Flexibilität als Arbeitspläne mit alternativen Bearbeitungspfaden auszuführen sind /29,30/. Sie zeigen alternative Bearbeitungsmöglichkeiten und -reihenfolgen auf und gestatten damit eine flexible Belegung der Fertigungseinrichtungen durch die interne Disposition als Komponente des zentralen Steuersystems nach den Planungsdaten der Fertigungssteuerung. Für sämtliche Arbeitsvorgänge als Abschnitte eines Arbeitsplans zur Bearbeitung eines Werkstücks und für alle prinzipiell einsetzbaren Maschinen eines Arbeitsvorgangs sind jeweils NC-Programme aufgrund ihrer eingeschränkten Übertragbarkeit (vgl. 2.2) bereitzustellen, da beim längerfristigen Charakter der Fertigungsplanung keine konkreten Aussagen zum aktuellen Bedarf der internen Disposition getroffen werden können, die mit kurzfristig variierenden Daten operiert. Diese bei FFS notwendige Vorgehensweise impliziert einen erhöhten Erstellungsaufwand und einen umfangreichen, redundanten Bestand an NC-Programmen, die nur teilweise Anwendung finden.

Die vom zentralen Steuersystem an die Fertigungseinrichtungen zu übermittelnden NC-Programme werden aus diesem NC-Datenbestand nach den Vorgaben zur Maschinenbelegung und ihrer Verfügbarkeit, die aus den Planungs- und Zustandsdaten resultieren, ausgewählt. Wie aus Bild 2.1 zu ersehen ist, muß demgemäß zwischen dem zentralen Steuerystem und den Fertigungseinrichtungen ein bidirektionaler Informationsfluß stattfinden.

2.2 NC-Steuerdatenbedarf und -erstellung

Der NC-Steuerdatenbedarf von Fertigungssystemen ist abhängig vom Werkstückspektrum, den angewandten Fertigungsverfahren und den eingesetzten Fertigungseinrichtungen. Die in FFS gefertigten prismatischen Werkstücke lassen sich abgrenzen durch die Bearbeitungsmöglichkeiten der integrierten Maschinen, die mit Steuerungen bis zu 2 1/2D (2 bahngesteuerte Achsen, 1 Zustellachse) ausgerüstet sind /3,8,9,10/. Die auftretenden geometrischen und Bearbeitungselemente können den angeführten Veröffentlichungen entnommen werden, ihre Programmierung wird in dieser Arbeit detailliert behandelt.

Die Zielsetzung von FFS, ein weitgehend automatisierter Fertigungsablauf innerhalb des Systems bei variierendem Werkstückspektrum, erfordert den Einsatz von numerisch gesteuerten (NC-) Fertigungseinrichtungen. Betrachtet man die in Kapitel 1 vorgestellten FFS hinsichtlich der integrierten Verfahren, treten aber auch Komponenten wie z.B. Waschstationen auf, die keine NC-Steuerdaten verlangen, da sie nach einem festen Programmzyklus ablaufen (Bild 2.2).

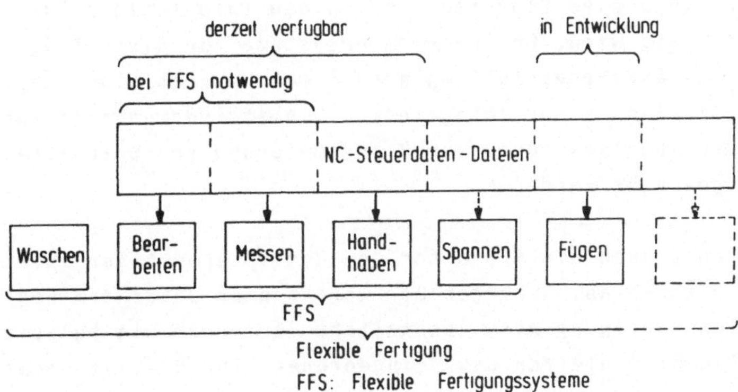

Bild 2.2: NC-Steuerdatenbedarf in der Fertigung

Für das Bearbeiten und Messen sind NC-Programme erforderlich, für deren Erstellung aus Gründen der

- Sicherheit gegen Programmierfehler,
- Komplexität der Werkstücke,
- Anzahl unterschiedlicher Teile und des
- Zeitaufwandes für Programmerstellung und -test

eine leistungsfähige Rechnerunterstützung und der Einsatz von Programmiersystemen unumgänglich ist /24/. Umfang und Inhalt der NC-Programme werden auch durch die Fertigungseinrichtungen des FFS und die Merkmale ihrer Steuerungen vorgegeben.

Für die Handhabung wird an der Entwicklung von Programmiersystemen gearbeitet (z.B. /31/), NC-Handhabungseinrichtungen (Industrieroboter) werden in FFS derzeit jedoch wenig und nur bei rotatorischem Werkstückspektrum eingesetzt. Prismatische Werkstücke werden zumeist auf standardisierten Werkstückträgern wie z.B. Paletten gespannt und durch Transportgeräte übergeben.

Neuere Konzepte versuchen, das kapitalintensive Palettenwesen durch NC-Spanneinrichtungen zu substituieren, wobei gleichzeitig Auswirkungen auf die Maschinen, den Material- und den Informationsfluß zu beachten sind /32/. Die Steuerung der Spannvorrichtungen hat in diesem Fall auch nach einem NC-Programm zu erfolgen, wozu eine Eingliederung in den Informationsfluß des FFS notwendig wird. Da Programmiersysteme für diese Aufgaben der NC-Steuerdatenerstellung noch nicht bekannt sind, soll bei der Entwicklung einer integrierten Geometriedatenbasis auch auf den Aspekt der Anwendung zur Programmierung von Spanneinrichtungen geachtet werden.

Bild 2.2 grenzt auch ein FFS unter dem Gesichtspunkt der integrierten Verfahren ab. Demgegenüber werden hier unter dem Begriff der flexiblen Fertigung noch zusätzliche Verfahren wie beispielsweise das Fügen, Schleifen usw. eingeordnet. Ihr NC-Datenbedarf wird in dieser Arbeit nicht weiter betrachtet, jedoch besteht die Forderung, durch eine geeignete Systemstruktur zusätzliche Anwendungsmöglichkeiten offenzuhalten.

Die Darstellung der NC-Daten hat nach DIN 66025 /33/ zu erfolgen, Erweiterungen auf Steuerdaten für Mehrkoordinatenmeßgeräte liegen vor /34/. Bei sich ersetzenden Maschinen ist die Übertragbarkeit der NC-Programme nur bedingt gegeben, da sie abhängig ist von:

- Eingabeformat und Leistungsumfang der Steuerung;
- Zuordnung des Werkstück- und des Maschinenkoordinatensystems, die von Maschine zu Maschine meist differiert;
- Verfügbarkeit der Werkzeuge an der Maschine und die Berücksichtigung von Werkzeugkorrekturen bei sich ersetzenden Werkzeugen.

Diese Faktoren erschweren derzeit die NC-Datenerstellung und -speicherung bei FFS.

2.3 Programmiersysteme für das Bearbeiten und Messen

Nach den in 2.2 genannten Kriterien kommt bei FFS nur die maschinelle Programmierung in der Arbeitsvorbereitung bzw. der Fertigungsplanung in Frage, Werkstattprogrammierung oder das manuelle Verfahren führen zu wesentlichen Einschränkungen bei der Systemausnutzung. Das maschinelle Verfahren setzt eine leistungsfähige Rechnerunterstützung mit Verarbeitungsprogrammen und Dateien voraus, die ergänzt um die definierte Programmiersprache insgesamt als Programmiersystem bezeichnet werden /35/. Wie bereits dargelegt, stehen Systeme zur NC-Steuerdatenerstellung für das Bearbeiten von Werkstücken und für das Messen auf Mehrkoordinatenmeßgeräten zur Verfügung, nachfolgend kurz Programmiersysteme für das Bearbeiten bzw. Messen genannt.

Standardisierte Schnittstellen sind das Teileprogramm zur Formulierung der Fertigungsaufgabe bei der Dateneingabe, die weitgehend maschinenunabhängigen CLDATA und GMDATA als rechnerinterne Zwischenausgaben /35/ und die NC-Steuerdaten. Die in dieser Arbeit verwendeten Begriffe enthält Bild 2.3. Der eingezeichnete Informationsfluß weist im unteren Bildteil Unterschiede auf. Beim Bearbeiten ist mit der Ausführung der Schalt- und Weginformationen das NC-Programm vollständig abgearbeitet, wogegen beim

Messen aus rückgemeldeten Istpositionen des Tastsystems die Auswertung erfolgt, deren Steuerung ebenfalls im NC-Programm festgelegt ist. Dies bedingt inhaltliche Differenzen bei den Steuerdaten und in den Teileprogrammen, auf die in 2.4 noch näher eingegangen wird.

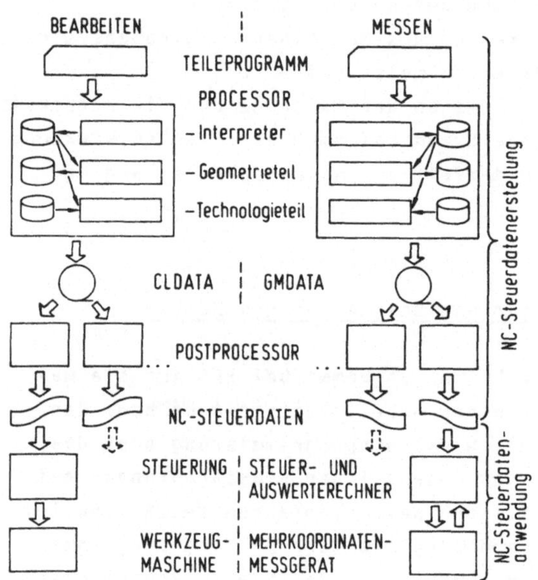

Bild 2.3: Informationsfluß und Begriffe bei Programmiersystemen

2.3.1 Basisprogrammiersysteme

Nach der Definition des NC-Steuerdatenbedarfs und der Festlegung auf die maschinelle Programmiermethode unter Beachtung genormter Schnittstellen kann für die integrierte NC-Steuerdatenerstellung bei FFS die Auswahl von Basisprogrammiersystemen geschehen. Vorrangig werden für Bohr-/Fräsaufgaben 11 Systeme aus ca. 100 Möglichkeiten eingesetzt /35/, für die Programmierung von Meßaufgaben werden nur wenige Alternativen angeboten. Ihre Leistungsmerkmale können /13/ oder Firmenveröffentlichungen entnommen werden. Wie bereits erwähnt, sind Handhabungsgeräte nur vereinzelt in FFS eingesetzt und leistungsfähige Programmiersysteme noch im Stadium der Entwicklung, so daß hierfür auf eine Auswahl verzichtet werden kann.

2.3.1.1 Kriterien zur Auswahl

An die einzusetzenden Programmiersysteme werden hohe Ansprüche gestellt. Die in Bild 2.4 zusammengefaßten Kriterien zur Beurteilung von Basissystemen können in generelle, geometrische, technologische sowie Forderungen an die Programmierunterstützung unterteilt werden. Die geometrischen und technologischen Merkmale lassen sich direkt aus dem Werkstückspektrum ableiten, wobei die rechnerintern durchführbaren Funktionen bei der Technologiedatenermittlung, wie Drehzahl-, Vorschubauswahl usw., wesentlich den Programmieraufwand beeinflussen. Die Qualität eines Programmiersystems wird jedoch auch durch die angebotene Programmierunterstützung bestimmt, die insbesondere durch vom Benutzer definierbare und permanent abspeicherbare Unterprogramme erhebliche Vorteile bieten kann.

Bild 2.4: Beurteilungskriterien für Basissysteme

Die generellen Gesichtspunkte basieren auf Forderungen an die organisatorische Eingliederung und enthalten Voraussetzungen, bei FFS benötigte Zusatzfunktionen oder Erweiterungen realisieren zu können.

2.3.1.2 Auswahl

Die an einem prismatischen Werkstückspektrum auftretenden geometrischen Merkmale werden von zahlreichen Systemen für die Bearbeitung erfüllt. Funktionen der rechnerunterstützten Technologiedatenermittlung sowie komfortable Techniken bei der Programmierunterstützung zeichnen nur wenige Alternativen aus. Hierzu zählt das eingeführte EXAPT-System in der Modularprocessorversion EXAPT 1.1 für Bohr-/Fräsbearbeitungen, das auch den generellen Gesichtspunkten durch Systemstruktur und Orientierung an den genannten Normen genügt /36,37/. Es steht als Quellform in FORTRAN zur Verfügung und gestattet, eigene, in der EXAPT-Sprache formulierte Unterprogramme permanent abzuspeichern.

Zur NC-Steuerdatenerstellung für den Bereich des Messens kann die Auswahl nur zwischen wenigen, von unterschiedlichen Meßgeräteherstellern angebotenen Lösungen und einem weiteren System, dem N.C.M.E.S.-System, erfolgen /13/. Die Ausgabe einer Postprocessorschnittstelle wird nur von N.C.M.E.S. erfüllt, das zusätzliche Vorteile durch die Verwandtschaft mit dem EXAPT-System sowie die Verfügbarkeit der erwähnten Unterprogrammtechnik, auch als Macrotechnik bezeichnet, bietet.

Die beiden Systeme EXAPT und N.C.M.E.S. werden deshalb für die sich anschließenden Ausführungen als Basis herangezogen.

2.3.1.3 Implementierter Ausgangszustand

Zur Nutzung aller Leistungsmerkmale der Programmiersysteme sind im Zuge der Implementierung der Processoren auch umfangreiche Arbeiten zur Generierung der Dateien notwendig, die Benutzerinformationen und Daten der Fertigungseinrichtungen enthalten.

Als Pilotanlage eines Fertigungssystems steht das im Institut für Steuerungstechnik der Werkzeugmaschinen und Fertigungseinrichtungen (ISW) installierte FFS zur Verfügung /28/. Die für die hier ausgeführten Arbeiten interessierenden NC-Einrichtungen umfassen:

- drei Bohr-/Fräszentren, ausgerüstet mit schaltendem Rundtisch und einer Dreiachsen-Bahnsteuerung;
- ein Bohr-/Fräszentrum mit zusätzlich steuerbarem Rundtisch und einer MPST-Steuerung /39/;
- ein Mehrkoordinatenmeßgerät mit Dreiachsen-Bahnsteuerung und separat steuerbarem Rundtisch sowie Auswerterechner.

Als Fertigungsleitrechner wird eine VAX 11/780 mit Schnittstellen zu den Fertigungseinrichtungen und einer umfangreichen Peripherie eingesetzt. Dieser Rechner führt die Aufgaben des zentralen Steuersystems aus und erlaubt die zusätzliche Implementierung der Dateien und Verarbeitungsprogramme der ausgewählten Programmiersysteme. Er dient auch für die Ausführung der anfallenden Entwicklungsarbeiten.

Systembezeichnung	EXAPT	NC.MES	DAFES	MAPEX	
Einzelmodule :	MASTER LISTEN FEHLER	MASTER LISTEN FEHLER	MASTER	MASTER	Zentral- und Verwaltungsmodule
	EINGAB CONTUR	EINGAB CONTUR THREED BODY			Sprach- und Geometrieverarbeitung
	FAHR TECEX1 TECEX2 FARKON MOTION CUTVAL CLDAT 2	FAHR AUTOGO TECHNM MESMOD AUSR PRUEFS SIEB			Technologiemodule
			DAFES	MAPEX	Dateienerstellung und -änderung

Bild 2.5: Programmsysteme und Modulübersicht

Die aus Bild 2.5 ersichtlichen Programmsysteme und Moduln bilden den implementierten Ausgangszustand. Für die Erstellung und Änderung der Werkzeug-, Werkstoff- sowie Reduktionsdatei, die das rechnerinterne Abbild von Zyklen darstellt, wird das MAPEX-Programmpaket eingesetzt, für die Macrodatei erfüllt DAFES diese Aufgaben. DAFES dient auch für die Macrodateiverwaltung des N.C.M.E.S.-Systems. Für N.C.M.E.S. und EXAPT namentlich gleichlautende Modulbezeichnungen bestehen aus im Detail unterschiedlichen Programmen, so daß sie nicht mehrfach verwendbar sind.

Bei der Werkstoffdateierstellung für die Pilotanlage wurden Zerspanungsgrößen von Stahl-, Grauguß- und Aluminiumwerkstoffen berücksichtigt, die Werkzeugdatei beinhaltet die eingesetzten Bohr- und Fräswerkzeuge. Die Reduktionsdatei umfaßt die benötigten Bohrzyklen. Für den N.C.M.E.S.-Processor wurden umfangreiche Macros erstellt, die zur Ausrichtung von Werkstücken sowie für wiederkehrende Definitionen bei der Meßpunktaufnahme und der Auswertung angelegt wurden.

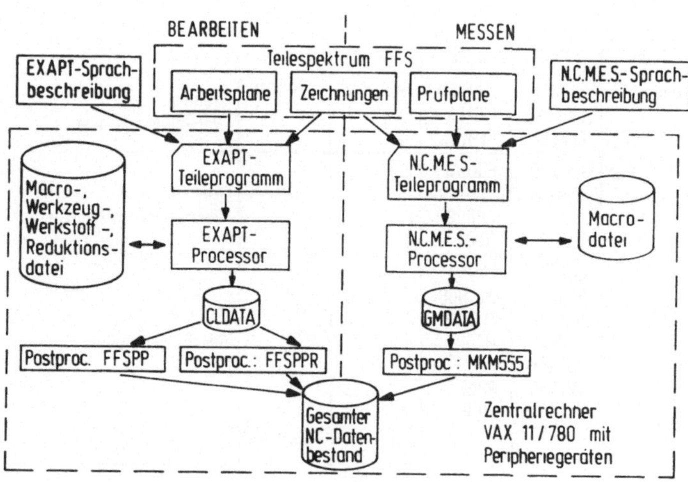

Bild 2.6: Ausgangszustand

Der in Bild 2.6 dargestellte Programmkomplex der Processoren wird ergänzt durch die beiden unterschiedlichen, für die Bearbeitungsmaschinen notwendigen Postprocessoren und den Postprocessor für das Mehrkoordinatenmeßgerät. Bild 2.6 zeigt zudem die zur Programmierung erforderlichen Eingangsinformationen.

2.4 Aufstellung des Anforderungskatalogs

Mit den Erfahrungen beim Einsatz der Programmiersysteme für die Pilotanlage können Forderungen formuliert werden, die ein integriertes Gesamtkonzept zu erfüllen hat. Zur Erläuterung enthält Bild 2.7 eine Gegenüberstellung der Teileprogramme zum Bearbeiten bzw. Messen und zeigt deren prinzipiell gleichen Aufbau.

AUFBAU UND INHALT VON TEILEPROGRAMMEN

BEARBEITEN	MESSEN
Allgemeine Angaben – Bezeichnung – Postprocessoraufruf – Koordinatensystem-zuordnung ⋮	Allgemeine Angaben – Bezeichnung – Postprocessoraufruf ⋮
Geometrie – 2D-Elemente	Geometrie – 2D-Elemente – 3D-Elemente -Flächen -Volumen
Technologie – Verfahrwege – Bohrdefinitionen – Fräsdefinitionen – Werkzeugauswahl ⋮	Technologie – Verfahrwege – Ausrichten – Meßpunktauswahl ⋮
	Auswertung – Istelementeberechnung – Soll-/Ist-Vergleich – Protokollausgabe ⋮

Bild 2.7: Gegenüberstellung der Teileprogramme

Im Bereich der allgemeinen Angaben sind die Postprocessoraufrufe und beim Bearbeiten die Zuordnung des Maschinen- und des Werkstückkoordinatensystems, die über die TRANS-Anweisung geschieht, zu finden. Sie verlangen bereits vom Teileprogrammierer die Kenntnis der Fertigungseinrichtung im Gegensatz zu der bei FFS angestrebten flexiblen Maschinenbelegung. Hier ist der Ersatz dieser expliziten Anweisungen durch eien rechnerinternen Aufruf vorzusehen, der durch das zentrale Steuersystem initialisiert werden kann. Weil die Pilotanlage nur über ein Mehrkoordinatenmeßgerät jedoch mehrere Bearbeitungsstationen verfügt, ist dieser Anspruch hier primär auf das Bearbeiten beschränkt.

Für das Messen werden zur Beschreibung von Flächen 2D- und 3D-Elemente benötigt (vgl. auch Kapitel 4). Da jedoch die Werkstückgeometrie identisch ist, können die für die Bearbeitung ausreichenden 2D-Elemente als Untermenge betrachtet werden. Es ist deshalb eine einmalige, vollständige Beschreibung der Geometrie zu fordern, die rechnerintern auf den jeweils benötigten Informationsbedarf umzusetzen ist und Anschlußmöglichkeiten für weitere Anwendungen bietet. Dies bewirkt eine Verminderung des Programmieraufwandes und des Datenumfangs, womit auch mögliche Fehlerquellen reduziert werden.

Zudem müssen Fehler im Teileprogramm durch erweiterte maschinenferne Testmöglichkeiten leichter zu erkennen sein. Insbesondere bei den kapitalintensiven FFS ist eine Verringerung der Testzeiten für NC-Programme an der Maschine anzustreben, so daß hier Softwarehilfsmittel bereitzustellen sind. Arbeiten zur schnellen maschinennahen Korrektur von Teileprogrammen wurden durchgeführt /40/, sie sind durch maschinenferne, für die Fertigungsplanung geeignete Möglichkeiten zu ergänzen.

Der bereits erläuterte Zusammenhang zwischen den Bearbeitungsalternativen und den entsprechenden NC-Programmen bedingt eine Erstellung mehrerer, sich teilweise ersetzender Teileprogramme. Weniger aufwendig wäre die Erstellung eines vollständigen Teileprogramms, das segmentiert zu NC-Steuerdaten verarbeitet werden kann. Eine schnelle Verfügbarkeit aktueller NC-Daten muß jedoch gewährleistet sein, wobei der abzuspeichernde Datenumfang gering zu halten ist.

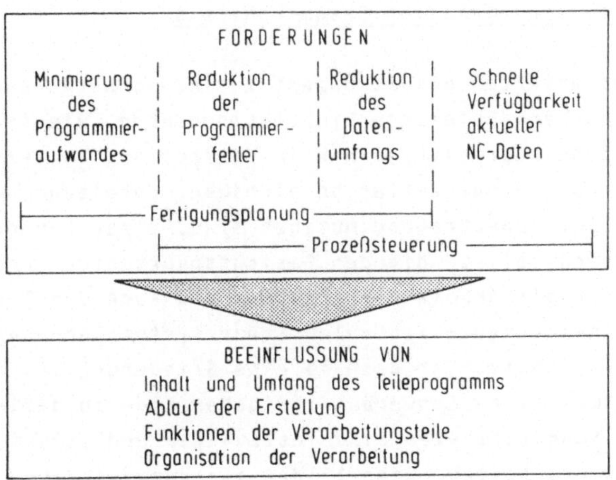

Bild 2.8: Forderungen an Teileprogrammerstellung und -verarbeitung

Die den erläuterten Forderungen aus Fertigungsplanung und Prozeßsteuerung zugrunde liegenden generellen Aspekte und ihre Auswirkungen auf die NC-Steuerdaten enthält Bild 2.8. Sie entspringen zwar der Analyse von Erfordernissen bei FFS, ihre Realisierung ist jedoch geeignet, die Effizienz der NC-Programmierung allgemein zu verbessern.

3 Aufstellung des integrierten Gesamtkonzepts

Unter einem integrierten Gesamtkonzept zur NC-Steuerdatenerstellung ist das Verknüpfen von Einzelkomponenten, wie sie Programmiersysteme oder diverse Moduln darstellen, zu verstehen, deren Ein- und Ausgabedaten bereichsüberschreitend durch rechnerinterne Datenübertragung nutzbar sind. Diese Komponenten müssen demnach vollständig den Gesichtspunkten der Programmierung durch die Arbeitsvorbereitung als auch den Erfordernissen der Anwendung im zentralen Steuersystem Rechnung tragen. In diesem Abschnitt ist deshalb eine Gliederung in Komponenten vorzunehmen, ihre Schwerpunktaufgaben sind zu definieren, geeignete Schnittstellen sind festzulegen und Strukturen zur Kopplung zu erarbeiten. Dies bildet die Voraussetzung, in anschließenden Abschnitten Möglichkeiten zur Realisierung der Einzelkomponenten entwerfen, bewerten und ausführen zu können.

3.1 Phasen der NC-Steuerdatenerstellung

Ist die NC-Steuerdatenerstellung bei FFS bisher die ausschließliche Aufgabe der Fertigungsplanung, so werden bei einem integrierten Konzept Daten aus der Prozeßsteuerung mit einbezogen. Da für beide Bereiche unterschiedliche Zeitanforderungen bestehen und die Ausführung der jeweiligen Funktionen sequentiell erfolgt, liegen zwei abgrenzbare, sich ergänzende Erstellungs- und Verarbeitungsperioden vor, die im folgenden als Planungs- bzw. Prozeßphase bezeichnet werden (Bild 3.1).

Bei dieser Differenzierung muß das Ziel des ersten Teils die Ausgabe getesteter und fehlerfreier Teileprogramme sein, aus denen die in der Prozeßphase benötigten Daten generiert werden. Da bei FFS in der Planungsphase die Zuordnung eines Arbeitsvorgangs zu einer Maschine allerdings noch nicht endgültig bestimmbar ist, hat die Schnittstelle, welche die Arbeitsvorgänge beschreibt, maschinenunabhängig zu sein. Diesen Anforderungen entsprechend können deshalb hier die CLDATA auf ihre Anwendbarkeit überprüft und berücksichtigt werden. In dieser Phase liegt

NC-STEUERDATENERSTELLUNG BEI FFS

	PLANUNGSPHASE	PROZESSPHASE
Bereich	Fertigungsplanung	Prozeßsteuerung
Ziel	Erstellung fehlerfreier Teileprogramme und Dateien	aktuelle Erstellung maschinenbezogener NC-Programme
Schwerpunkte, Aufgaben	Processor-, Test-, Korrekturfunktionen, Segmentierung, Bearbeitungsanalyse	CLDATA-Aufbereitung, Postprocessorlauf
Zeitanforderungen	längerfristig	kurzfristig
Erstellung der Eingabedaten	Teileprogrammierer, z.T. automatisch (CAD-System)	rechnerintern
Initialisierung der Datenverarbeitung	manuell	rechnerintern
Übertragbarkeit der Ergebnisse	maschinenunabhängig	maschinenabhängig

Bild 3.1: Kennzeichen der Phasen

auch das Hauptgewicht der manuell auszuführenden Tätigkeiten, eine Unterstützung bei der Datenerstellung kann durch CAD-Systeme gegeben werden.

Aus der generierten Schnittstelle müssen in der Prozeßphase aktuelle NC-Programme unter Einbezug von Daten der internen Disposition gewonnen werden können. Aufgrund der kurzfristigen Zeitanforderungen ist ein Konzept zu erarbeiten, mit dem die notwendigen Schritte bis zur NC-Programmausgabe vollständig rechnerintern ablaufen können. Die sich aus der hier durchzuführenden Zuordnung eines Arbeitsvorgangs zu einer Maschine ergebenden Aufgaben einer Aufbereitung und Weiterverarbeitung der CLDATA werden näher in den nächsten Kapiteln behandelt. Die Initialisierung aller Programmläufe hat anforderungsgemäß automatisch zu erfolgen.

Auf der Basis von Daten der internen Disposition und den CLDATA ist die rechnerinterne NC-Steuerdatenerstellung in der Prozeßphase allerdings noch nicht möglich, da die angeführte Zuordnung die Eignung der ausgewählten Maschine für einen bestimmten

Arbeitsvorgang voraussetzt. Dies verlangt die Bereitstellung einer weiteren Schnittstelle als Ergebnis der Planungsphase, aus der für jeden Arbeitsvorgang Informationen über die Möglichkeiten zur Ausführung der Bearbeitung auf den verschiedenen Maschinen des Fertigungssystems ersichtlich sind. Die Ausgabe dieser Informationen stellt eine zusätzliche Aufgabe in der Planungsphase dar und wird in dieser Arbeit konkretisiert.

Die aufgeführten Merkmale beider Phasen und die Aussagen zur Festlegung der Schnittstellen sind Grundlagen für die Ausarbeitung von Aufgaben der Komponenten sowie für den Entwurf eines integrierten Rahmenkonzepts.

3.2 Zusatzfunktionen

Wie in den zurückliegenden Kapiteln gezeigt, genügen die vorhandenen Möglichkeiten der Teileprogrammerstellung und -verarbeitung den Anforderungen bei FFS nur unzureichend. Für die integrierte NC-Programmerstellung sind deshalb Ergänzungen und Erweiterungen in die Einzelmoduln oder als eigenständige Teile einzubringen. Den anzustrebenden Funktionsumfang zeigt Bild 3.2.

Die einmalige Formulierung geometrischer Eigenschaften wird durch eine integrierte Geometriedatenbasis ermöglicht. Die dazu erforderlichen Arbeiten betreffen nicht nur deren Erstellung und Aufbau, sondern bedingen auch Änderungen vor oder in den Technologieverarbeitungsteilen aufgrund modifizierter Eingangsinformationen. Darüber hinaus ist zu untersuchen, inwiefern erweiterte Technologieprocessorfunktionen mit der Verfügbarkeit einer integrierten Geometriedatenbasis ermöglicht werden.

Beim Ausbau maschinenferner Testmöglichkeiten ist neben zusätzlichen rechnerinternen Prüfungen insbesondere eine grafische Unterstützung anzubieten, die Darstellungen geometrischer Elemente und von Verfahrwegen enthält /41/. Es bietet sich hier die Erstellung eines autarken Moduls an, der auf die vom Programmiersystem generierten Schnittstellen zugreift. Durch eine

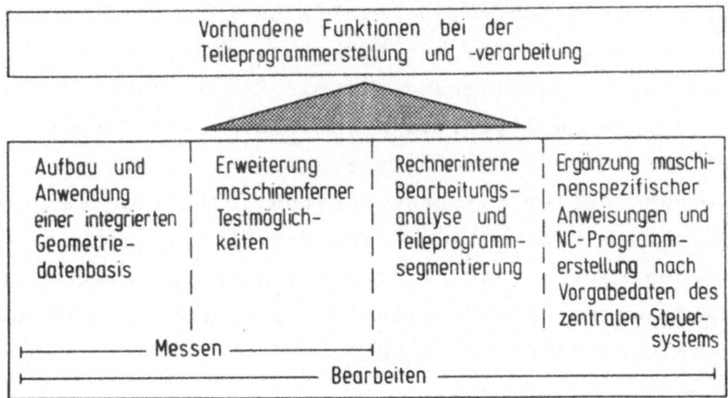

Bild 3.2: Zusatzfunktionen bei integrierter NC-Steuerdaten-erstellung

geeignete Konzeption ist zu versuchen, diesen Modul für Darstellungen bei der Bearbeitungs- und Meßprogrammierung weitgehend identisch zu gestalten sowie die Anwendbarkeit für verschiedene Geräte zu gewährleisten.

Nach 3.1 ist in der Planungsphase eine Schnittstelle zu generieren, die für jeden Arbeitsvorgang alternativ einsetzbare Maschinen ausweist. Die daraus resultierende Forderung nach einer automatischen Analyse des Teileprogramms bzw. seiner Verarbeitungsergebnisse zur Ermittlung der Bearbeitungsmöglichkeiten bei einem gegebenen Maschinenspektrum ist bisher in Programmiersystemen nicht vorhanden. Prinzipielle Oberlegungen und Realisierungen gehen von modifizierten Zielvorstellungen und anderen Schnittstellen aus /42/, so daß sie im Rahmen der NC-Programmerstellung nicht anwendbar sind. Daraus folgt die Notwendigkeit, geeignete Kriterien und eine praktikable Vorgehensweise zu erarbeiten, wobei eine Realisierung als eigenständiger Modul Vorteile für Programmentwicklung und -wartung bringt.

Die Bestimmung der Bearbeitungsanforderungen zur Maschinenauswahl im Rahmen der Arbeitsplanung, wie sie in /30/ vorgeschlagen wird, kann sich damit auf die Klärung der Frage beschränken, ob Arbeitsgänge innerhalb des FFS oder systemextern vorgenommen werden können. Bei Durchführbarkeit im FFS erübrigt sich eine weitere Detaillierung, da die Einsetzbarkeit einer Maschine anhand des obligatorisch zu erstellenden Teileprogramms rechnerintern durch diesen Baustein zu beurteilen ist. Die Untersuchung der Werkstückbearbeitung auf alternative Operationen, d.h. die Bearbeitung eines Werkstückbereichs mit unterschiedlichen Fertigungsverfahren und/oder Werkzeugen, bleibt weiterhin Aufgabe der Arbeitsplanung und äußert sich in den Bearbeitungsalternativen des Arbeitsplans.

Nach den Anforderungen aus 2.4 sollen im Gegensatz zum bisherigen Inhalt von Teileprogrammen keine maschinenspezifischen Anweisungen bei der Programmierung in der Planungsphase notwendig sein. Zur Reduktion des Programmentwicklungsaufwandes besteht allerdings die Zielsetzung, die vorhandenen Postprocessoren einsetzen zu können. Bei Berücksichtigung dieser Randbedingungen ist demnach eine Lösung zu entwickeln, die es gestattet, maschinenspezifische Anweisungen rechnerintern in die CLDATA einzufügen. Da dieser Verarbeitungsmodul eine nicht realisierte Verknüpfung zwischen NC-Steuerdatenerstellung und zentralem Steuersystem darstellt, sind abgestimmte Schnittstellen zu definieren und Programme zur Verarbeitung auszuführen.

Die Teileprogrammsegmentierung, d.h. die Aufteilung der gesamten Bearbeitungsfolge vom Roh- bis zum Fertigteil in einzelne, unabhängig voneinander durchführbare Bearbeitungsabschnitte, hat sich zum einen nach den Aussagen des Arbeitsplans zu richten. Hierfür sind bisher nicht vorhandene Anweisungen zu entwerfen, die vom Benutzer einzugeben sind. Andererseits können bestimmte allgemeingültige, noch zu definierende Kriterien, die Segmentierungsstellen festlegen, automatisch geprüft werden und damit zu einer rechnerinternen Segmentierung im Rahmen der Teileprogrammverarbeitung führen.

3.3 Struktur des integrierten Konzepts

Der Entwurf des optimalen integrierten Rahmenkonzepts orientiert sich an den vorgestellten Schwerpunktaufgaben. Er zeigt die Abhängigkeiten und das Zusammenwirken der einzelnen Verarbeitungskomponenten auf, wobei nach Bild 3.3 mit der Planungs- und Prozeßphase eine horizontale Reihenfolge und innerhalb beider Phasen eine vertikale Gliederung zu unterscheiden ist. Die in den anschließenden Kapiteln zu erarbeitende Gestaltung und Ausführung der Moduln ordnet sich in diesen Rahmen ein, hat allerdings auch Gesichtspunkte des Programmerstellungsaufwandes zu berücksichtigen.

Leitgedanke bei der Ausarbeitung der Konzeptstruktur ist die informationsschlüssige, d.h. rechnerintern durchführbare Kopplung vorhandener, modifizierter und neuer Komponenten über geeignete Ein-/ Ausgabeschnittstellen. Teileprogrammanweisungen in der Planungsphase bzw. Daten des Steuersystems in der Prozeßphase bilden die von den Benutzern einzugebenden Informationen. Ihre Ergebnisse werden während und nach der Verarbeitung durch Listen, grafische Darstellungen und letztendlich durch das NC-Programm dokumentiert. Mit den Ausgaben in der Planungsphase können die Eingaben kontrolliert und gegebenenfalls korrigiert werden, so daß sich bis zur Verfügbarkeit eines fehlerfreien Teileprogramms über den Daten-, Verarbeitungs- und Korrekturfluß das in Bild 3.3 skizzierte Rahmenkonzept aufstellen läßt.

Dateien bilden einerseits die Verbindungsglieder zwischen den Verarbeitungsmoduln, andererseits enthalten sie systemabhängige Eingangsinformationen, die einmalig extern erstellt wurden. Hierunter sind die bereits angesprochenen technologischen Dateien und die Macrodatei einzuordnen. Neu zu entwerfen und auszugeben ist die Datei zur Darstellung der Ergebnisse der Segmentierung und der Bearbeitungsanalyse. Die werkstückabhängigen Schnittstellen zwischen den Bausteinen sind gleichfalls umzugestalten. Ihr Inhalt und Aufbau richtet sich nach den noch zu spezifizierenden Möglichkeiten und Erfordernissen der Moduln.

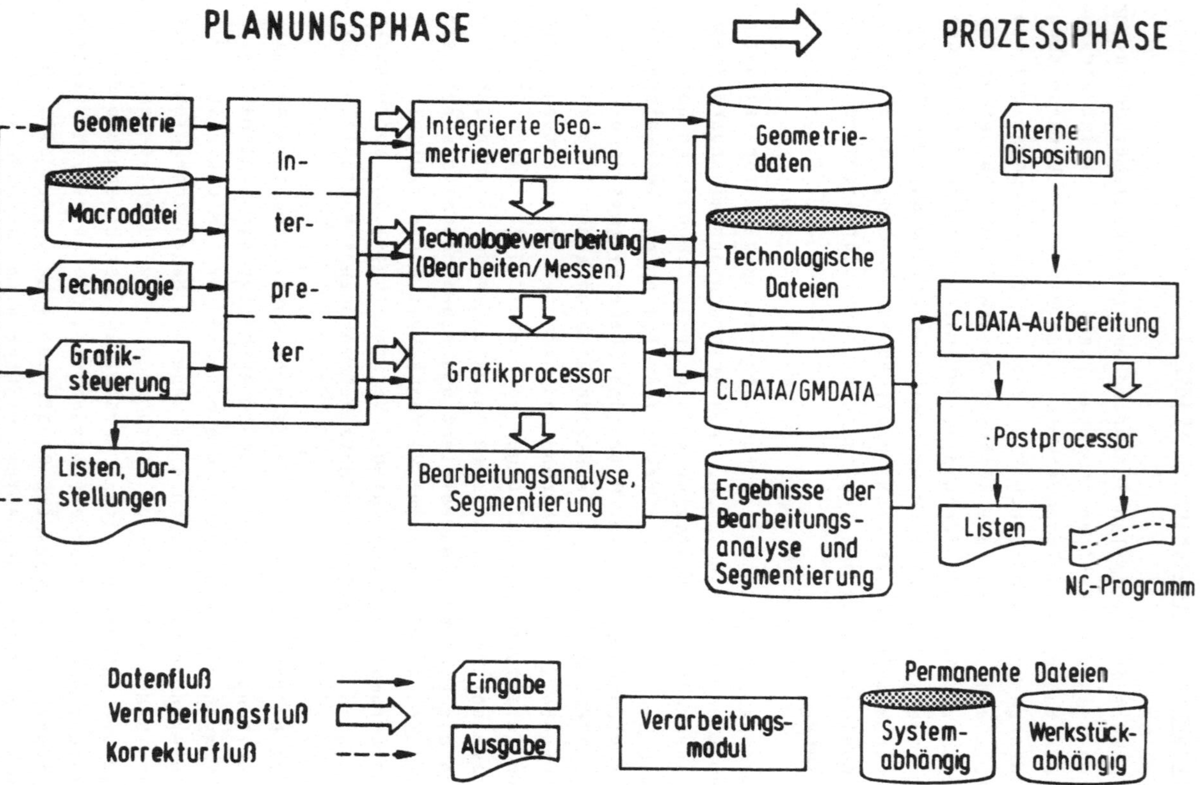

Bild 3.3: Integrierte funktionsorientierte Konzeptstruktur

Erstes Glied im Verarbeitungsfluß ist der Interpretationsmodul. Er kann basierend auf vorhandenen und erprobten Prinzipien so ergänzt werden, daß globale Aufgaben, wie Sprachwortverschlüsselung, arithmetische Berechnungen usw., zentral vorgenommen werden, syntaktische Prüfungen aber in sogenannten Overlayästen ausgeführt werden, wie es in /35/ vorgeschlagen wird. Da im Bereich der Eingabe an verschiedenen Modellen zur Dialogunterstützung für das EXAPT-System gearbeitet wird /40,43/, muß diese auch für die vorliegende Themenstellung gewinnbringende Maßnahme jedoch in dieser Arbeit nicht weiterverfolgt werden.

Der integrierte Geometrieverarbeitungsteil produziert aus dem geometrischen Definitionsumfang Eingabedaten für die Technologieverarbeitungsteile sowie für den Grafikprocessor. Nach 3.2 ist für die Aufgaben der Segmentierung und der Bearbeitungsanalyse ein eigenständiger Modul zu entwickeln. Da er auf erstellte Teileprogramme bzw. deren Verarbeitungsergebnisse zugreifen muß, bildet er das letzte Glied in der Programmkette der Planungsphase. In der Prozeßphase werden als Komponenten die Postprocessoren benötigt, denen ein Programmbaustein zur CLDATA-Aufbereitung vorgelagert ist.

Zur einfacheren Handhabung von Programmiersystemen, wie Processorausführung, das Anhängen der Dateien, Benennung der Ausgabe usw., werden zumeist auf das Betriebssystem des Rechners zugeschnittene Befehlsfolgen, sogenannte Prozeduren, entwickelt. Sie sind insbesondere für den Umgang mit dem angestrebten Programmkomplex erforderlich, wobei die prinzipielle Vorgehensweise für den Systemablauf übertragbar, jedoch die explizite Ausführung der Befehle rechnerbezogen erfolgen muß.

Mit der Kenntnis der Schwerpunktaufgaben und des skizzierten funktionsorientierten Rahmenkonzepts sind die Zusammenhänge der Einzelkomponenten definiert, und es liegen die Voraussetzungen vor, in den nachfolgenden Kapiteln die benötigten Bausteine entwerfen, detaillieren und erstellen zu können.

4 Integrierte CAM/CAQ-Geometriedatenerstellung und -speicherung

Bei der rechnerunterstützten Geometriedatenverarbeitung wird im CAD-, CAM- und CAQ-Bereich zwischen Elementen unterschiedlicher Komplexität differenziert, deren übergeordnete Begriffe auch in dieser Arbeit Verwendung finden. Zu den 2D-Elementen zählen Punkte und Linienzüge, die in einer festgelegten Ebene definierbar sind. Sie können sowohl begrenzt (Kreis) als auch unbegrenzt (Gerade) sein. Demgegenüber beschreiben 3D-Elemente Flächen, die bei sogenannten Regelflächen nach bestimmten Regeln, z.B. wird eine Erzeugende entlang einer Leitlinie verschoben, generiert werden oder als analytisch nicht einfach beschreibbare gekrümmte Flächen vorliegen /44,45/. Bei prismatischen Werkstükken, die in FFS gefertigt werden, sind die relevanten Flächen jedoch ausschließlich analytisch beschreibbare Regelflächen, deren Ausdehnung, abgesehen von der Kugelfläche, unbegrenzt ist. Diese unbegrenzten Einzelflächen werden nachfolgend unter dem Begriff Flächenelemente zusammengefaßt.

Grenzen mehrere Einzelflächen einen abgeschlossenen Werkstückbereich ein, wird von Volumenelementen gesprochen. Das zu ihrer

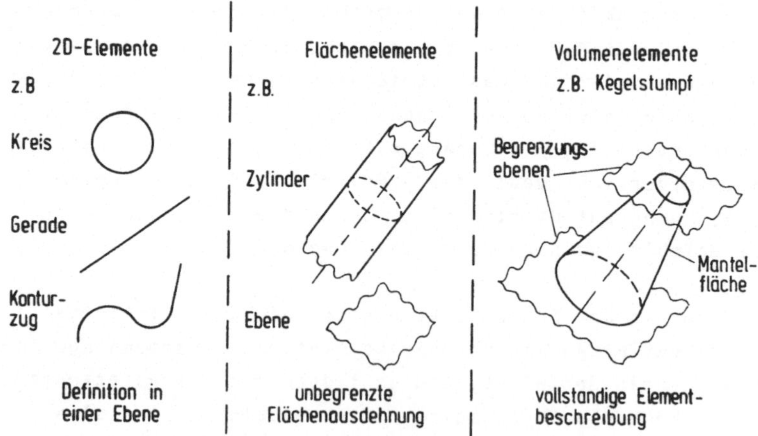

Bild 4.1: Klassifikation von Geometrielementen

Definition in /46/ entwickelte Schema erlaubt mit einer Zylinder-, Kegel-, Kugel- oder einer Konturzylinderfläche verschiedene Mantelflächentypen und läßt in der bei N.C.M.E.S. realisierten Ausbaustufe ausschließlich Ebenen als begrenzende Flächen zu. Einen Oberblick zur Einordnung und Abgrenzung von Geometrieelementen gibt Bild 4.1.

Die im Basisprogrammiersystem EXAPT verfügbaren geometrischen Definitionen sind auf 2D-Elemente beschränkt und stellen lediglich eine Untermenge der in N.C.M.E.S. enthaltenen geometrischen Möglichkeiten dar. Bild 4.2 zeigt eine Zusammenstellung aller Elemente, die mit Ausnahme des Vektors nach 2D-, Flächen- sowie Volumenelementen sortiert sind. Es gibt weiterhin Aufschluß über die charakterisierenden Spracheingaben sowie die rechnerinternen Darstellungen (RID).

	ELEMENT	DEFINITIONSFORM	RECHNERINTERNE DARSTELLUNG		
2D-Elemente	Punkt	POINT	X,Y,Z	EXAPT	N.C.M.E.S.
	Gerade	LINE	EX,EY,D		
	Kreis	CIRCLE	X,Y,Z,R		
	Punktmuster	PATERN	Punkte		
	Kontur	CONTUR	Punkte, Geraden, Kreise		
	Vektor	VECTOR	EX,EY,EZ		
Flächen-elemente	Ebene	PLANE	EX,EY,EZ,D		
	Zylinder	CYLNDR	Achspunkt, Achsvektor, Radius		
	Kegel	CONE	Scheitelpunkt, Achsvektor, Öffnungswinkel		
	Kugel	SPHERE	Mittelpunkt, Radius		
Volumen-elemente	Zylinder	BODY / CYL	Zylinder, Begrenzungsebenen, Hullquader		
	Kegel	BODY / CON	Kegel , " , "		
	Kugel	BODY / SPH	Kugel , " , "		
	Konturzylinder	BODY / CONCYL	Kontur, Vektor, " , "		

Bild 4.2: Geometrische Elemente in EXAPT und N.C.M.E.S.

Sämtliche zur Technologiedatenermittlung benötigten geometrischen Definitionen sind beim bisherigen Leistungsumfang der Basisprogrammiersysteme jeweils in den Teileprogrammen für das Bearbeiten und das Messen anzugeben. Dem steht das Ziel bei der

Entwicklung einer integrierten CAM-/CAQ-Geometriedatenerstellung und -speicherung gegenüber, die mehrmalige Nutzung einmalig eingegebener Informationen zu ermöglichen.

4.1 Alternative Konzepte

Für den Aufbau einer integrierten Geometriedatenbasis und einer geeigneten Processorstruktur lassen sich prinzipielle Konzeptalternativen aufstellen (Bild 4.3), wobei nach /35,47/ sowohl eine Integration auf Dateien- als auch auf Programmebene anzustreben ist. Sie unterscheiden sich hinsichtlich der Ausgangsdaten und der Vorgehensweise bei der Programmierung sowie der Richtung des Informationsflusses.

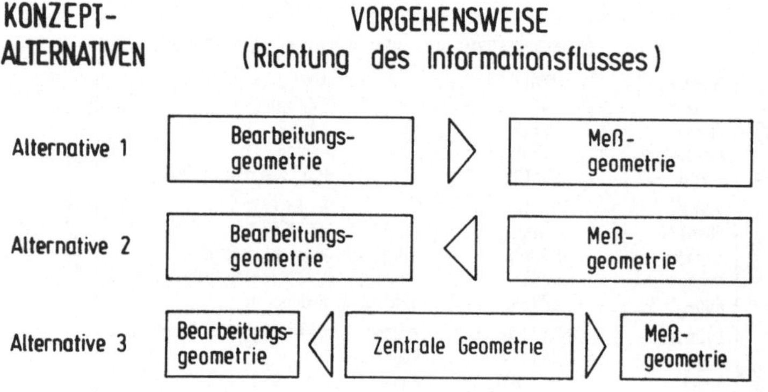

Bild 4.3: Konzepte einer CAM-/CAQ-Integration für die Geometriedatenerstellung

Bei der sich anschließenden Spezifizierung dieser Alternativen ist zudem im Einzelfall eine Datenübergabe auf der Basis der eingegebenen Teileprogramme oder der durch Verarbeitungsoperationen erzeugten rechnerinternen Darstellungen zu diskutieren. Vor einer Bewertung sind neben den Forderungen aus der Bearbeitungs- und Meßprogrammierung weitergehende Ansprüche zu untersuchen, so daß Möglichkeiten zusätzlicher Anwendungen einer integrierten Geometriedatenbasis gewährleistet bleiben.

4.1.1 Transformation der Bearbeitungsgeometrie

Die Vorgehensweise einer Weiterverwendung der Bearbeitungsgeometrie für das Messen ist analog dem Fertigungsdurchlauf. Dabei bieten sich die nachstehend erläuterten Varianten an.

4.1.1.1 Übernahme von 2D-Elementen

Für die APT-Sprachsysteme ist kennzeichnend die Symbolschreibweise, die eine Mehrfachverwendung von Elementen durch Angabe der Symbole im Modifikationsteil anderer Definitionen erlaubt und nach /40/ als Baumstrukur abgebildet werden kann. Durch die Transformationsmöglichkeiten in beliebige Ebenen können 2D-Elemente derart beim Messen für die Definition von Flächenelementen, die sich wiederum zu Volumenelementen verknüpfen lassen, eingesetzt werden. Sind nun über eine gemeinsame Schnittstelle die bei der Bearbeitung eingegebenen und gespeicherten 2D-Elemente für die Processorverarbeitung beim Messen verfügbar, so können sie direkt in weiteren Meßanweisungen verwandt werden.

Diese Konzeptvariante mit der erweiterten Dateien- und Processorstruktur verdeutlicht Bild 4.4, wobei lediglich Ein-/Ausgabeprogramme im Interpretationsteil zu ergänzen sind. Für den Datenaustausch über Teileprogrammanweisungen spricht die von jedem Interpreter für die direkt adressierbaren Records (Datenblöcke) von Elementen aufzubauende Symbolverwaltung, die damit ohne Änderungen übernommen werden kann. Bei der Übergabe rechnerinterner Darstellungen wären entgegen dem Lösungsansatz in /35/, der auf sequentiellen, mit höheren Zugriffszeiten verbundenen Dateien beruht, umfangreiche Eingriffe in die Programme notwendig.

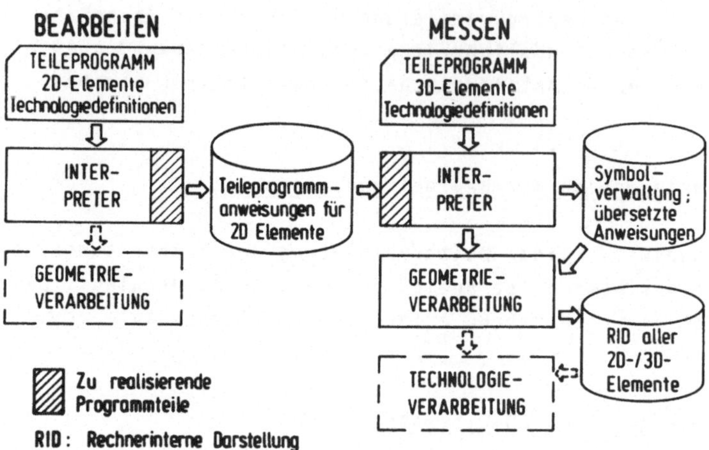

Bild 4.4: Integration durch Übernahme von 2D-Elementen

4.1.1.2 Flächengenerierungsprinzip

Das Flächengenerierungsprinzip nutzt gleichfalls die bei der Bearbeitung programmierte Geometrie. In Verbindung mit den in EXAPT den Technologiedefinitionen zugeordneten Daten wie Bohrungsdurchmesser und -tiefe sowie expliziten Verfahrwegangaben lassen sich die bearbeiteten Flächen nach Typ und Dimensionierung prinzipiell rechnerintern bestimmen. Diese Informationen stellen die geometrischen Eingabedaten einschließlich der für die Meßprogrammierung benötigten Flächenbegrenzungen dar, wie am Beispiel einer Bohrung in Bild 4.5 gezeigt wird.

Da eine programmtechnische Lösung als autarker Modul auf den bereits generierten Schnittstellen aufsetzen kann, lassen sich Eingriffe in die Programme der Basissysteme vermeiden. Als Eingangsgrößen für diesen Modul sind die in kanonischer Form (durch Verarbeitung erzeugte einheitliche Form für sämtliche Modifika-

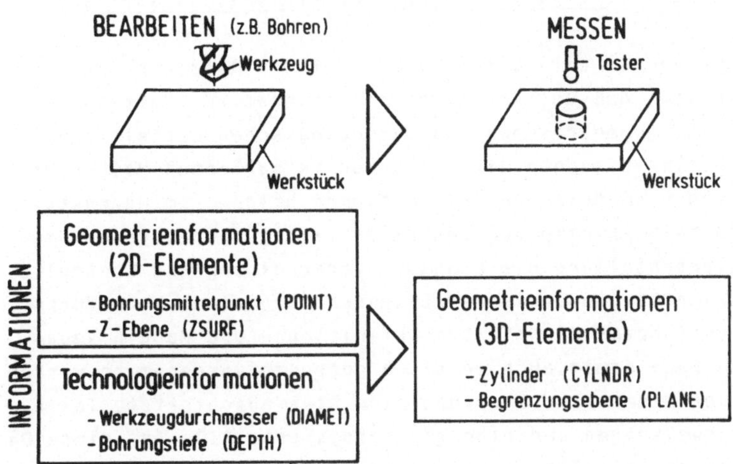

Bild 4.5: Generierung eines Flächenelementes aus 2D- und Technologieinformationen

tionsmöglichkeiten eines Elementtyps) vorliegenden rechnerinternen Darstellungen vorzuziehen, Teileprogrammanweisungen bilden die Ausgabe für das Messen.

4.1.2 Weiterverwendung der Meßgeometrie

Bei Erstellung des Teileprogramms für das Messen vor der Bearbeitungsprogrammierung besteht in Umkehrung zu 4.1.1.1 die Möglichkeit, im N.C.M.E.S.-Teileprogramm angegebene Anweisungen zur Definition von 2D-Elementen in das EXAPT-Teileprogramm zu übernehmen. Die notwendigen Arbeiten und die Erläuterungen zur Anwendung des Teileprogramms als vorteilhafte Schnittstelle bei dieser Lösung entsprechen den unter 4.1.1.1 gemachten Äußerungen. Eine weitere Variante eröffnet sich bei der Ermittlung von 2D-Elementen und Technologieinformationen aus Volumenelementen, die als Umorientierung der Vorgehensweise aus Bild 4.5 zu verstehen ist.

4.1.3 Zentrale fertigungsbezogene Geometriedatenerstellung

Kennzeichnend für alle bisher vorgestellten Konzepte und ihre Varianten ist, daß vollständige Teileprogrammme, bestehend aus allgemeinen, geometrischen und technologischen Definitionen sowie Exekutivanweisungen die Basis der integrierten Weiterverwendung von geometrischen Informationen bilden. Im Gegensatz dazu wird beim Prinzip der zentralen fertigungsbezogenen Geometriedatenerstellung die Eingabe, Verarbeitung und Kontrolle der invarianten geometrischen Eigenschaften eines Werkstücks von den verfahrensorientierten Definitionen und Moduln separiert und kann damit auch zeitlich getrennt vorgenommen werden. Ausgabe der Geometrieerstellung sind hier ausgetestete Teileprogrammanweisungen und eine standardisierte RID. Auf diese Daten können anschließend unterschiedliche Technologieverarbeitungsmoduln zugreifen, wobei unter Umständen processorspezifische Umsetzprogramme dazwischengeschaltet werden müssen.

Der Begriff der "fertigungsbezogenen Geometriedatenerstellung" drückt darüber hinaus die Zielsetzung bei der Anwendung aus. Der Inhalt und der Aufbau des zu entwerfenden Geometriedatenmodells hat sich ausschließlich nach den im Fertigungsbereich auftretenden Ansprüchen zu richten. Für technologische Ermittlungen nicht benötigte Daten können hier entfallen. Notwendig sind z.B. Daten zur Verfahrwegberechnung für die Achsen einer NC-Fertigungseinrichtung, für die Informationsausgabe an weitere Arbeitsplätze oder für die grafische Kontrolle.

Diese Abgrenzung ist bezüglich der Zielsetzung von CAD-Systemen wesentlich, deren Aufgaben vornehmlich bei gestaltenden Funktionen, der Bauteilberechnung, der Ausgabe normgerechter Zeichnungen mit Schnitten, der Stücklistenerstellung usw. liegen. Daraus läßt sich auch folgern, daß die dort benötigte umfassende Beschreibung eines gesamten Werkstücks den damit verbundenen hohen Datenerstellungsaufwand /48/ für die NC-Programmierung meist nicht rechtfertigt. Im Vordergrund steht im Fertigungsbereich die exakte und vollständige Definition einzelner Werkstückelemente, die zu bearbeiten, zu messen usw. sind, wohingegen Verknüpfungen zu anderen Elementen nur vereinzelt erforderlich sind, bzw. durch vereinfacht beschreibbare Elemente abstrahiert werden können.

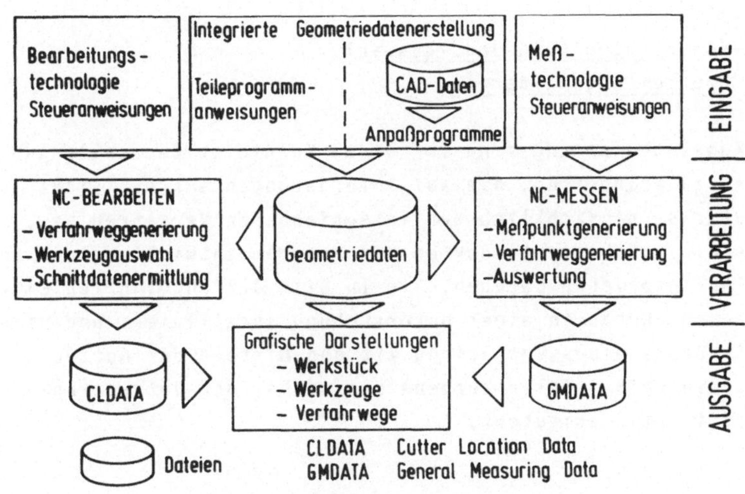

Bild 4.6: Zentrale fertigungsbezogene Geometriedatenbasis

Eine Geometriedatenbasis bildet damit nach Bild 4.6 die zentrale Informationsquelle einer integrierten Processorstruktur für die NC-Programmierung. Als Beispiel einer weiteren Anwendung wird ein Modul für grafische Darstellungen angeführt, der funktionale Einbezug von CAD-Daten ist gleichfalls ersichtlich. Die erläuterte Struktur gilt auch für den Anschluß weiterer Technologiemoduln, stellvertretend können hier das Spannen und das Handhaben genannt werden.

Mit der Abspeicherung von rechnerinternen Darstellungen wird eine schnelle und effiziente Datenverarbeitung ermöglicht, da die Processorglieder nur einmal auszuführen sind. Die zusätzliche Abspeicherung von Teileprogrammanweisungen dient der Dokumentation und erlaubt die weitgehend änderungsfreie Obernahme der Basissysteme bzw. auch den Einbezug anderer APT ähnlicher Sprachen mit eigener interner Datenstruktur.

4.1.4 Konzeptbewertung und -auswahl

4.1.4.1 Beurteilungskriterien

In der Konzeptbewertung sind vor einem Vergleich Beurteilungskriterien zu erarbeiten, die auf Anforderungen aus der Sicht des Benutzers, hinsichtlich der integrierbaren Verfahren bzw. Moduln sowie auf Gesichtspunkten der Programmentwicklung und auf generellen Ansprüchen beruhen. Die in Bild 4.7 angeführten Einflußfaktoren wurden in einer Untersuchung spezifiziert und bildeten die Basis eines Vergleichs mit den Mitteln der Nutzwertanalyse. Die prinzipielle Vorgehensweise bei der Nutzwertanalyse wird in /49/ erläutert.

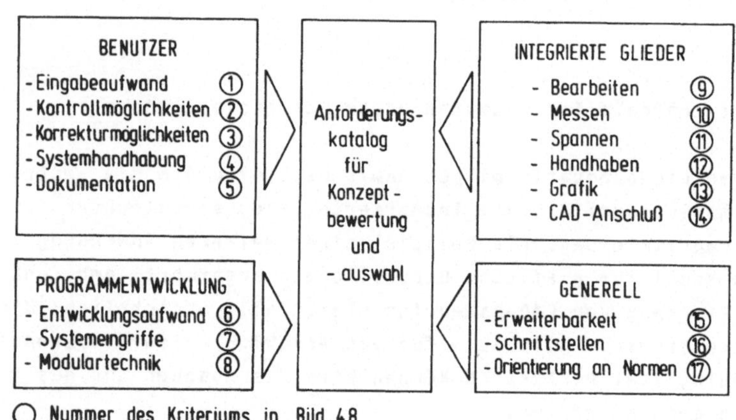

Bild 4.7: Einflußfaktoren als Basis der Konzeptbewertung

Die wichtigsten Beurteilungskriterien aus Benutzersicht betreffen die Reduktion des Eingabeaufwandes. Die Kontrollmöglichkeiten bei der Teileprogrammerstellung bestimmen wesentlich die Anzahl der benötigten Processorläufe aufgrund von Korrekturen und sichern eine weitgehende Fehlerfreiheit der NC-Programme. Sie wurden deshalb im Gegensatz zu den Korrekturmöglichkeiten, der Systemhandhabung und den Ausgaben der einzelnen Glieder einer integrierten Struktur zur Dokumentation hoch eingestuft. Die Wertigkeiten der in Bild 4.7 numerierten Einflußfaktoren sind in den Kopfzeilen aus Bild 4.8 ersichtlich. Sie drücken die relative Bedeutung eines jeden Punktes bei der Gesamtbeurteilung aus.

Der Aufwand für Aufbau und Anwendung der integrierten Geometriedatenbasis kann durch Gegenüberstellung der bei jedem Konzeptvorschlag zu realisierenden Funktionen abgeschätzt bzw. ausgeführten Lösungen entnommen werden. Er ist auch abhängig von den Möglichkeiten, eine modulare Programmierung durch Zugriff auf vorhandene Schnittstellen vornehmen zu können. Zielsetzung bei der Programmentwicklung ist darüber hinaus, die Anzahl und den Umfang der Systemeingriffe minimal zu halten, um von Processormodifikationen und Aktualisierungen weitgehend unabhängig zu sein. Trotz des zum Teil beträchtlichen Aufwandes für die Realisierungsarbeiten werden bei der Nutzwertanalyse für diese Punkte geringe Wertigkeiten eingesetzt, da diese nur einmalig zu erbringenden Leistungen in Relation zum erzielbaren Rationalisierungseffekt bei der Anwendung zu sehen sind.

Bedeutsam ist die Eignung des jeweiligen Konzepts für die Eingliederung der Technologiemoduln und des Grafikverarbeitungsprogramms sowie für die Bereitstellung einer einheitlichen Datenbasis zum CAD-Anschluß. Zur Beurteilung dieser Kriterien sind alle Daten zu analysieren, die auf der einen Seite die Eingabe zum Geometrieprocessor darstellen und andererseits als dessen Ausgabe Eingangsinformationen für die Technologieteile sind. Da diese Punkte in den nächsten Abschnitten noch eingehend behandelt werden, kann an dieser Stelle auf detailliertere Ausführungen verzichtet werden.

Weitere zur Konzeptbewertung relevante Gesichtspunkte betreffen die mit integrierten Geometriedaten sich eröffnenden Möglichkeiten zur Erweiterung der Datenbasis um zusätzliche Geometrieelemente aber auch zum Einbezug neuer Technologiemoduln. Ein wesentlicher Faktor ist hier die Verfügbarkeit, der Zugriff und die universelle Struktur der Schnittstellen. Zu beachten ist die Orientierung an Normen, die für den CAM-Bereich bereits genannt wurden und für die Ausgabe von CAD-Systemen mit der noch vorzustellenden, sogenannten "IGES-Norm" /50,51,52/ vorliegen.

4.1.4.2 Nutzwertberechnung

Für die in Bild 4.7 numerierten Kriterien wurden im nächsten Schritt relative Wertigkeiten bestimmt. Sie bilden die Basis einer Nutzwertberechnung, bei der die einzelnen Nutzwerte als Punktezahl den Erfüllungsgrad einer zu bewertenden Alternative in Relation zur Maximalpunktzahl (hier: 10) ausdrücken. Die für die Rangfolge der Alternativen ausschlaggebenden Gesamtnutzwerte errechnen sich nach der im Bild 4.8 angegebenen Formel. Es wurden bewertet:

Kriterium	①	②	③	④	⑤	⑥	⑦	⑧	⑨	⑩	⑪	⑫	⑬	⑭	⑮	⑯	⑰	Gesamt-nutzwert	Rang-folge
W_i=Wertigkeit	6	4	2	2	2	3	2	2	4	4	3	3	4	4	4	3	1		
N_i = Einzelnutzwerte der Alternativen I	3	4	5	6	5	7	8	7	8	6	3	2	5	5	5	8	7	279	5
II	8	7	7	6	7	4	6	7	8	8	6	4	6	7	7	8	7	359	3
III	3	4	5	6	5	7	8	7	6	9	5	8	8	6	5	8	7	323	4
IV	8	9	8	7	7	5	6	7	8	9	7	8	8	8	8	8	7	409	2
V	9	9	9	7	7	5	6	8	8	9	8	8	9	9	9	10	8	441	1

Alternativen: Erläuterung im Begleittext
Numerierung der Kriterien nach Bild 4.7
Max./Min Punktzahl je Kriterium: 10/0
Maximal erreichbare Punktzahl: 530

Ermittlung des Gesamtnutzwerts (N_{Ges})

$$N_{Ges} = \sum_{i=1}^{17} N_i \cdot W_i$$

mit N_i: Einzelnutzwert
W_i: Einzelwertigkeit
i: Zählindex für Kriterien

Bild 4.8: Nutzwertberechnung

Alternative I: Obernahme von 2D-Elementen für das Messen (nach 4.1.1.1).

Alternative II: Flächengenerierungsprinzip (nach 4.1.1.2).

Alternative III: Obernahme von 2D-Elementen für das Bearbeiten (nach 4.1.2).

Alternative IV: Obernahme von 2D-Elementen und Informationen für Technologiedefinitionen aus der Meßgeometrie (nach 4.1.2).

Alternative V: Zentrale fertigungsbezogene Geometriedatenerstellung (nach 4.1.3).

Ergänzend zu der Darstellung der Einzelnutzwerte in Bild 4.8 sollen noch grundsätzliche Vorteile bzw. Einschränkungen und sich auf mehrere Einzelkriterien auswirkende Argumente angesprochen werden, die mit ausschlaggebend für die Einordnung einer Alternative sind.

Der erzielbare Rationalisierungseffekt wird im wesentlichen durch die Reduktion des Eingabeaufwandes, den möglichen Einbezug weiterer Technologiefunktionen beim Bearbeiten und Messen sowie die Verwendbarkeit der geometrischen Informationen für neue Technologiemoduln (z.B. Spannen) bestimmt. Er ist im Vergleich für die Alternativen I und III gering einzustufen, da Flächendaten jeweils neu zu programmieren sind und technologische Zusatzfunktionen nur sehr eingeschränkt erfüllbar sind.

Das Flächengenerierungsprinzip wurde in /53/ exemplarisch für das Programmiersystem APT, das bereits unbegrenzte Flächen bietet, realisiert. Die entwickelten Strategien und Algorithmen sind aufwendig, rechenintensiv und liefern nur eingeschränkt exakte Ergebnisse. Dies wird insbesondere bei ebenen Flächen, die durch Stirnfräsbearbeitung hergestellt wurden, deutlich. Hier sind bei benachbarten Fräsbahnen aufgrund der Fräserüberdeckung sich überlappende Bereiche zu ermitteln und durch umständliche Rechenoperationen auszusondern. Ein üblicherweise programmierter Fräserüberlauf am Fräsbahnende oder am -rand kann nicht erkannt werden, da mangels einer begrenzten Flächendefinition als Kriterium für "Fräser im Eingriff" ein programmierter Arbeitsvorschub im Gegensatz zum Eilgang herangezogen wird. Sowohl für Fräs- als auch für Bohrbearbeitungen ist ein ähnlicher Aufwand mit einer vergleichbaren Ungenauigkeit des Ergebnisses bei einer Realisierung dieses Prinzips für EXAPT und N.C.M.E.S. zu erwarten. Diese Argumente verdeutlichen die Einordnung der Alternative II.

Demgegenüber ist der Realisierungsaufwand für die Alternative IV als Umkehrung der Vorgehensweise in II geringer, da aus den N.C.M.E.S.-Volumenelementen eindeutige geometrische Aussagen für EXAPT z.B. bei Bohrungen errechenbar sind. Problematisch stellt sich jedoch mit dieser Variante aufgrund des beim Messen ungenügenden Definitionsumfangs für ebene Flächen die Generierung von Informationen für das Stirnfräsen dar. Es ist deshalb die Implementierung von Funktionen zur Programmierung einer begrenzten Ebene als Erweiterung des Volumenmodells zu fordern, um eine vollständige automatische Geometriedatenerzeugung für EXAPT erreichen zu können.

Die Rangfolge weist die letzte Alternative als beste Lösung aus, die insbesondere durch den Rationalisierungseffekt bei einer einmaligen, für CAM-Anforderungen vollständigen Geometrieeingabe sowie die universelle Anwendbarkeit bedingt ist. Die Offenheit des Konzepts wird auch dadurch deutlich, daß aus CAD-Daten entweder Teileprogrammanweisungen aber auch bereits die Informationen der integrierten Geometriedatenbasis generierbar sind. Aus dem von der Alternative IV erzielten Ergebnis ist jedoch zu schließen, daß die Mehrzahl der Elemente und der Verarbeitungsprogramme des N.C.M.E.S.-Geometrieprocessors bei den Entwicklungsarbeiten als Grundlage mit einbezogen werden sollte.

In den nächsten Abschnitten wird deshalb die zentrale fertigungsbezogene Geometriedatenerstellung als Konzept einer integrierten Lösung entwickelt. Zuerst müssen dabei Umfang, Darstellung und Definitionsmöglichkeiten der Elemente spezifiziert werden, bevor daraus in weiterführenden Schritten Processor- und Speicherungsstruktur abgeleitet werden können.

4.2 Entwurf des Geometriedatenmodells

Eine Analyse von Anwendungsfunktionen einer integrierten Geometriedatenbasis liefert Aussagen zum benötigten geometrischen Informationsbedarf, der sich in Art der Elemente, deren Dateninhalt als rechnerinternes Abbild der Elementbeschreibung und ihre Beziehungen zueinander aufgliedern läßt. Diese Abstraktion des realen Objekts wird als geometrisches Modell bezeichnet, der Begriff der Geometriedatenbasis konkretisiert dabei die Abspeicherung der Daten als RID.

4.2.1 Informationsbedarf beim Bearbeiten und Messen

Die in EXAPT und N.C.M.E.S. implementierten geometrischen Elemente sind aus Bild 4.2 zu entnehmen. Die praktische Anwendung zeigt den ungenügenden Informationsumfang auf, der wie bereits erwähnt durch zusätzliche geometrische Angaben bei den Technologieanweisungen zu ergänzen ist bzw. ein explizites Bewegen des Werkzeugs oder Tasters über GOTO-Anweisungen erfordert.

So sind bei der Bohrbearbeitung in EXAPT vom Programmierer Angaben zum Durchmesser und der Bohrtiefe zu machen. Bei nicht zylindrischen Bohrungen ist darüber hinaus die manuelle Auswahl geeigneter Werkzeuge notwendig, da ausreichende Beschreibungsmöglichkeiten für die Geometrie nicht angeboten werden. Zur Definition einer Stirnfräsbearbeitung werden vom Programmierer in Abhängigkeit von der Werkzeuggeometrie zuerst Punkte, Geraden und Kreise bestimmt, die zur Führung des Werkzeugs verwendet werden. Die Geometriedefinitionen beschreiben demnach nicht die Werkstückoberfläche, sondern dienen nur mittelbar ihrer Erzeugung.

Abgesehen von der Angabe einer Sicherheitsebene werden in EXAPT keine Funktionen zur kollisionsfreien Verfahrweggenerierung geboten, die zudem eine Optimierung der Wegstrecke anstreben. In /13/ wurde gezeigt, daß auf der Basis der in N.C.M.E.S. imple-

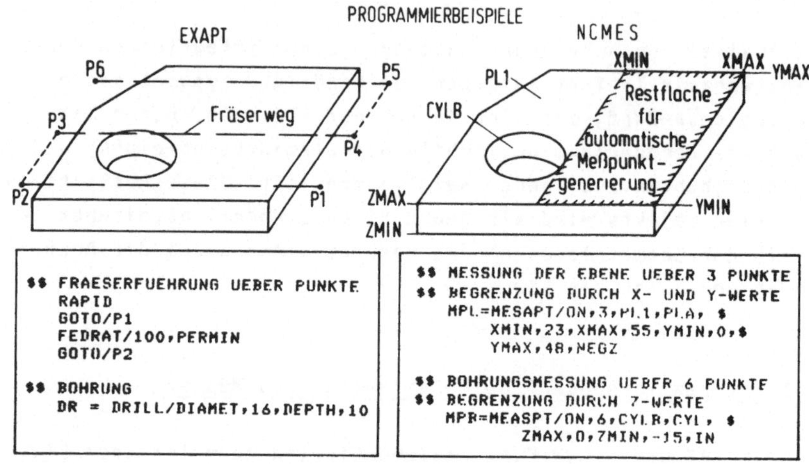

Bild 4.9: Programmierbeispiele

mentierten Volumenelemente diese Aufgaben rechnerintern durchführbar sind. Eine Ergänzung von EXAPT-Technologiemoduln um dementsprechende Algorithmen kann deshalb über eine erweiterte Geometriedatenbasis vorgenommen werden.

Das Beispiel in Bild 4.9 der Programmierung einer Fräs- und Bohrbearbeitung einerseits sowie der automatischen Meßpunktgenerierung für die bearbeiteten Stellen andererseits zeigt die bisher notwendigen Eingaben auf. Die mit der erläuterten, ungenügenden Werkstückbeschreibung gegebenen Restriktionen erstrecken sich demnach für EXAPT sowohl auf die Bohr- als auch auf die Fräsbearbeitung.

Die Einschränkung der tatsächlichen Flächenausdehnung der gefrästen Ebene durch die anzugebenden Maximal- und Minimalwerte als Flächenbegrenzungsangaben in den Technologieanweisungen bei N.C.M.E.S. (XMIN,...,YMAX) wird durch das Beispiel verdeutlicht. Mit der Möglichkeit zur Definition und zum Aufruf einer exakten und vollständigen Flächenbeschreibung auch für Ebenen werden demnach die Technologieanweisungen in beiden Programmiersystemen vereinfacht und zusätzliche Processorfunktionen implementierbar, da eine verbesserte Geometrieinformation für die Technologiemoduln vorliegt.

Als ungenügend erweist sich außerdem die ausschließliche Angabe von Ebenen als Begrenzungsflächen im genannten Volumenmodell. Am realen Werkstück treten in dieser Eigenschaft auch die anderen Flächentypen Zylinder, Kegel, Kugel und Konturzylinder auf, so daß die Bedingungen für Flächenübergänge zu erweitern sind.

Um geeignete Werkzeuge bzw. Taster auswählen und kollisionsfreie Verfahrwege berechnen zu können, muß aus dem Geometriedatenmodell neben der Flächenbeschreibung auch eine Information über die Lage des Materials relativ zur Fläche verfügbar sein. Über diese Materialseite kann damit zwischen Hohl- (z.B. Bohrung) und Vollkörpern (z.B. Welle) unterschieden werden.

4.2.2 Informationsbedarf beim Spannen

Ausgeführte Beispiele numerisch gesteuerter Spannvorrichtungen nach dem Doppelrevolver- oder Gleitschienenprinzip /32/ sind in der Lage, einzelne Spannbolzen in einer Ebene zu positionieren. Zum Spannen wird dann der Spannbolzen bis zur Berührung mit der Spannfläche zugestellt. Die Auswahl der Spannfläche ist zum einen von den in dieser Aufspannung auszuführenden Bearbeitungsoperationen abhängig, zum anderen kann die Spannkraft nur dann vollständig übertragen werden, wenn der Normalenvektor der Spannfläche und der Auflagefläche übereinstimmen. Als Spannflächen werden deshalb fast ausschließlich Ebenen benutzt, die parallel zu einer der Hauptebenen liegen.

Zwar erfolgt derzeit die Bestimmung der Spannflächen, die Positionierung der Spannbolzen sowie die Errechnung des Zustellbetrags manuell, ein geeignetes Werkstückbeschreibungssystem bietet jedoch die Basis für eine rechnerunterstützte Ermittlung dieser Daten. Ausgehend von den in Bild 4.10 aufgeführten Geometriedaten, die aus einer integrierten Geometriedatenbasis gewonnen werden können, läßt sich das funktionale Konzept eines Programmiersystems für das Spannen entwerfen, das unter dem Begriff CAM einzuordnen ist. Dies zeigt, daß die bereits unter 4.2.1 aufgestellten Forderungen an ein geometrisches Werkstückmodell gleichfalls für das Spannen zu stellen sind, andererseits keine Ergänzungen notwendig werden.

Bild 4.10: Funktionales Konzept eines NC-Programmiersystems für das Spannen

4.2.3 Informationsbedarf beim NC-Handhaben

Ein Programmiersystem zur NC-Datenerstellung für Handhabungsgeräte setzt das N.C.M.E.S.-Volumenmodell ein /31/, wobei die vorhandenen geometrischen Funktionen für die Generierung von Verfahrwegen und für Kollisionsbetrachtungen zwischen Werkstück und bewegten Geräteteilen hinreichend sind. Über den praktischen Einsatz dieses Systems sind weder für FFS noch bei anderen Fertigungssystemen Erfahrungen bekannt, die fundierte Aussagen zur Eignung des Geometriedatenmodells zulassen. Der Geometriedatenbedarf kann damit als äquivalent zum Messen angesehen werden, weshalb auf das Handhaben im Verlauf dieser Arbeit nicht mehr eingegangen wird.

4.2.4 Informationsbedarf für grafische Darstellungen

Die Anforderungen an Geometrieelemente hinsichtlich grafischer Ausgaben lassen sich in zwei Klassen einordnen, die durch unterschiedlichen Informationsgehalt und Komplexität der Darstellungen gekennzeichnet sind. Im ersten Fall werden vergleichbar mit Konstruktionszeichnungen Kanten abgebildet, zum Teil auch verdeckte Kanten ausgeblendet /54,55/. Neben diesen hier als rein zweidimensionalen Ausgaben bezeichneten Darstellungen werden durch Weiterentwicklungen der Gerätetechnik einhergehend mit sinkenden Anschaffungskosten zunehmend Bildschirme eingesetzt werden, die verschiedene Grautöne oder Farben bzw. Farbabstufungen bieten /56,57/. Durch geeignete Algorithmen können damit Grafikausgaben erzeugt werden, die einer realen dreidimensionalen Betrachtungsweise nahekommen, indem der Abstand und die Lage eines Flächenpunktes oder auch -segmentes vom Betrachter durch Farbänderungen und Schattierungen visuell erfaßbar sind.

Beiden Alternativen gemeinsam ist die grundlegende Forderung an das Geometriedatenmodell und die Verarbeitungsprogramme Informationen über Flächenübergänge bereitstellen zu können. Bei der erweiterten Darstellungsform muß zudem jeder Flächenpunkt errechenbar sein. Die aufgeführten Kriterien lassen sich durch eine Volumenbeschreibung oder auch mit begrenzten Einzelflächen erfüllen. Die im Fertigungsbereich benötigten Darstellungen werden im nächsten Abschnitt den CAD-Zeichnungsausgaben gegenübergestellt.

4.2.5 Geometriedaten in CAD-Systemen und für Zeichnungsausgaben

Auf die funktionalen und aufgabenbezogenen Abgrenzungen zwischen CAD-Systemen und NC-Programmiersystemen (CAM und CAQ) wurde bereits unter 4.1.3 eingegangen. Die gemeinsame Schnittstelle bilden die Geometriedaten. Eine Analyse der auf dem Markt befindlichen und in der Entwicklung stehenden CAD-Systeme zeigt, daß bei Ausklammerung hier nicht relevanter 2D-Systeme drei verschiedene Modellalternativen für die Geometriebeschreibung angewandt werden. Bild 4.11 erläutert die Möglichkeiten der geometrischen Berechnungsalgorithmen und von Zeichnungsausgaben als ein wesentlicher Schwerpunkt der rechnerunterstützten Konstruktion.

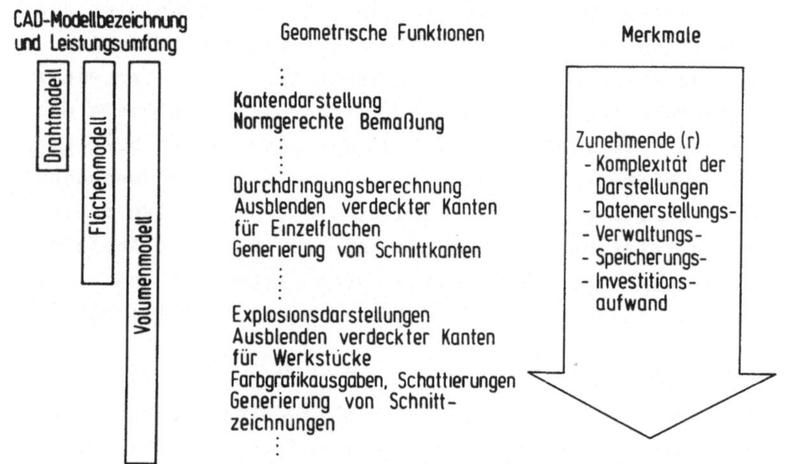

Bild 4.11: Charakterisierung von CAD-Systemen

Die abgespeicherten Daten bei Drahtmodellen sind Punkte und Kanten, die auch bei grafischen Darstellungen durch NC-Programmiersysteme herangezogen werden können, jedoch als Geometriedatenbasis für NC-Processorfunktionen unzureichend sind. Flächenmodelle enthalten ergänzend dazu Informationen über die Art der Fläche, die damit zwischen den Kanten aufgespannt werden kann. Sie erlauben zusätzliche grafische Darstellungsformen und repräsentieren eine vollständige Beschreibung einzelner Flächenelemente.

Im Gegensatz zu N.C.M.E.S., das mit der Verknüpfung von Einzelflächen ein universelles und sehr variables Beschreibungsgesetz verwendet, bieten Volumenmodelle in CAD-Systemen eine Anzahl geometrischer Grundelemente (sogenannte "primitives") wie Prisma, Zylinder usw. an. Sie lassen sich nach Bild 4.12 im Sinne von Mengenoperationen additiv oder subtraktiv kombinieren, wobei zwei sich ergänzende Prinzipien unterschieden werden:

- bei der kontaktflächenmäßigen Verknüpfung weisen Einzelvolumina gemeinsame Begrenzungsflächen auf, und
- beim Durchdringungsprinzip schneiden sich Volumenelemente beliebig.

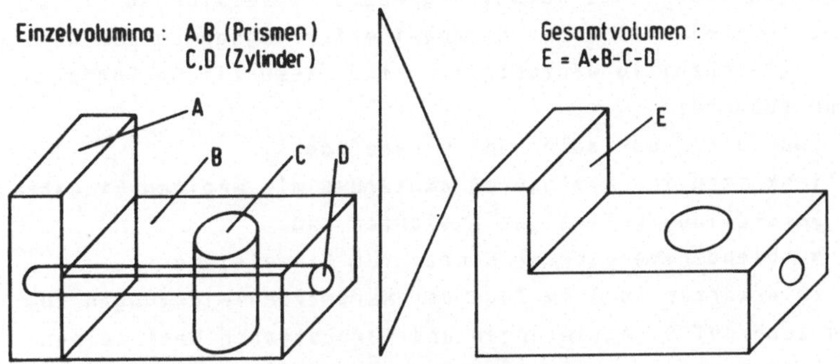

Bild 4.12: Volumenbeschreibung in CAD-Systemen

Sämtliche Beschreibungsmethoden für Volumenmodelle umfassen die Angabe der Materialseite des Volumens als Voraussetzung einer Ausgabe von Schnittzeichnungen. Die Vorteile der Programmierung von "primitives" sind in einer vielfach ausreichenden, einfachen Eingabe zu sehen. Generell ist jedoch bei Einsatz eines Volumenmodells der vergleichsweise sehr hohe Beschreibungsaufwand zu berücksichtigen, der mit einem Faktor von ca. 1,5 ... 2 angegeben wird /48/. Bei der Abspeicherung der Daten ist für interaktive Systeme eine hierarchische, relational organisierte

Struktur kennzeichnend, die eine Datenredundanz vermeidet und die Identifikation von Flächen über eine Kantentabelle einfach realisiert. Da die RID der Geometriedatenbasis für identische Werkstückbereiche in N.C.M.E.S. und in CAD-Systemen äquivalente Informationen beinhaltet, ist eine Datenumsetzung durchführbar.

Die in Bild 4.11 aufgeführten Darstellungsformen sind für NC-Programmiersysteme nicht unbedingt erforderlich, da hier z.B. die rechenintensive Ausgabe normgerechter Schnittzeichnungen oder von Explosionsdarstellungen nur untergeordnet von Bedeutung ist. Im Vordergrund steht das Interesse, ein schnelles, effektives und kostengünstiges Mittel zur grafischen Kontrolle verfügbar zu haben, das sowohl begrenzte Einzelflächen als auch Volumenelemente abbilden kann, wobei erfahrungsgemäß nur wenige Elemente gleichzeitig darzustellen sind. Wesentliche Forderungen sind deshalb:

- ein modularer, portabler Softwareaufbau,
- Möglichkeiten zur Dialogprogrammierung mit wenigen Eingaben,
- die Darstellung beliebiger Ansichten und
- das Ausblenden verdeckter Kanten für Einzelelemente.

Es ist zu erwarten, daß im Zuge der Hardwareentwicklungen zukünftig auch auf Schattierungen und Farbausgaben Wert gelegt wird. Diese Kriterien sind deshalb zukunftsorientiert bei der Gestaltung der Geometriedatenbasis zu beachten.

4.2.6 Geometrische Elemente und Modellgestaltung

Die bisherigen Ausführungen bilden die Basis des Entwurfs eines Geometriedatenmodells, wobei die Forderungen nicht nur am derzeitigen Leistungsstand der Technologiemoduln orientiert sind, sondern für die genannten Zusatzfunktionen gleichfalls die Voraussetzungen durch die Geometriedatenbasis gegeben sein müssen. Die wesentlichen Merkmale des Geometriedatenmodells äußern sich in den verschiedenen Typen von Elementen, ihren Funktionen und ihren Zuordnungen.

Allen Anwendungen im CAM-/CAQ-Bereich ist gemeinsam, daß der geometrische Bezug einer jeden technologischen Operation eine Einzelfläche ist, die z.B. zu bearbeiten oder zu messen ist und deshalb generell als Operationsfläche bezeichnet werden soll. Da Flächen am realen Objekt mit anderen Flächen, die wiederum Operationsflächen sein können, verknüpft und damit eindeutig dimensioniert sind, umfaßt die vollständige Beschreibung einer Fläche Angaben zu:

- Flächentyp der Operationsfläche,
- Verknüpfungsflächen, die sich gliedern lassen in
  - . Begrenzungen und
  - . Durchdringungen, sowie
- Materialseite.

Als Alternativen kommen nur 3D-Modelle in Frage. Von den analysierten Möglichkeiten scheidet das Drahtmodell wegen der unzureichenden Flächenkennzeichnung aus. Bei den CAD-Flächenmodellen fehlt die Materialseitenangabe. Der vollständige Informationsgehalt ist bei Volumenmodellen gegeben, wobei die Beschreibung durch Grundtypenelemente nicht primär flächenorientiert ist. Das für die Anwendungen im Fertigungsbereich vorteilhaftere Prinzip zur Flächendefinition ist deshalb im N.C.M.E.S.-Modell zu sehen, bei dem Ebenen eine Mantelfläche derart schneiden, daß sie einen abgeschlossenen Körper (Volumen) begrenzen. Es kann deshalb als Basismodell herangezogen werden.

Die in N.C.M.E.S. auf Mantelflächen beschränkten Typen von Operationsflächen sind um Ebenen zu erweitern, so daß alle an einem prismatischen Werkstückspektrum auftretenden Elemente erfaßt sind. Unzureichend sind im Basismodell die auf Ebenen fixierten Möglichkeiten zur Begrenzungsangabe. In diesem Modell außerdem nicht vorgesehen sind Durchdringungen, die z.B. bei einer automatischen Meßpunktgenerierung unbedingt erforderlich sind, da sie die zur Verfügung stehende Meßfläche beträchtlich einschränken können. Das Volumenmodell ist deshalb derart auszudehnen, daß sämtliche Flächentypen als Begrenzungen auftreten können und als Durchdringungen weitere Operationsflächen definierbar sind.

Für oft wiederkehrende Volumenelemente, die mit der Flächenverknüpfungsmethode umständlich einzugeben sind, bietet sich darüber hinaus die Einführung von "primitives" als vereinfachte Eingabeformen an. Infolgedessen werden implizite Definitionen für Kreiszylinder und -kegel aufgenommen, deren Achsen parallel zur z-Achse des Werkstückkoordinatensystems liegen. Diese "primitives" werden jedoch rechnerintern in diskrete Flächen aufgespalten und entsprechen dadurch dem grundsätzlichen Beschreibungsprinzip. Eine vereinfachte, vielfach hinreichende Definition von Werkstückbereichen, die nicht als Operationsflächen angesprochen werden, ist über Quader gegeben, die auch als Kollisionselemente verwendet werden können. Der Quader bildet deshalb ein Sonderelement eines Vollkörpers im entwickelten Geometriedatenmodell und ist in Verknüpfung mit Operationsflächen zugelassen. Damit ergibt sich nach Bild 4.13 eine allgemeine Definition von Volumenelementen, bei der sich eine Operationsfläche in Kombination mit verschiedenen Flächen und Körpern eindeutig definieren läßt.

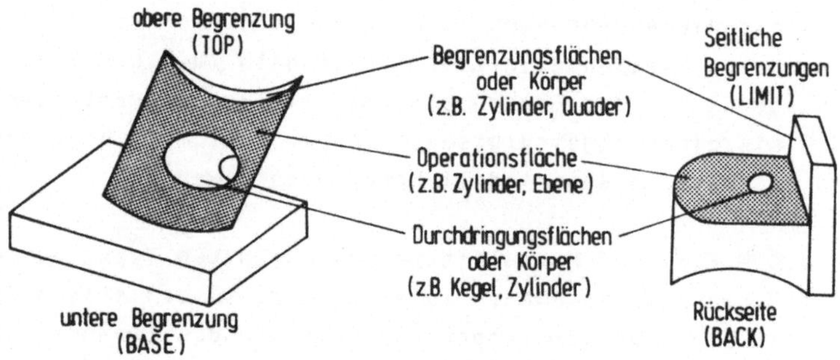

Bild 4.13: Allgemeine Definition, Begriffe und Beispiel von Volumenelementen /58/

Die Eingabe von Ebenen kann nach Bild 4.13 entsprechend erfolgen, wobei neben den seitlich sich anschließenden Körpern oder Flächen zudem die Rückseite zu erklären ist. Die Beschreibung einer ebenen Operationsfläche ist jedoch auch dann hinreichend, wenn außer seitlichen Begrenzungen und den Durchdringungen nur die Materialseite bekannt ist. Diese implizite Definition eines Volumenelements für den Flächentyp Ebene kann den Beschreibungsaufwand reduzieren, sofern die Rückseite für die NC-Programmierung nicht relevant ist. Da die 2D-Elemente Kreis, Gerade und Kontur Leitlinien für Flächen darstellen, werden sie als seitliche Begrenzungen zugelassen, wobei die zugehörigen Flächentypen rechnerintern mit dem Normalenvektor der Ebene als Erzeugende generiert werden.

Die Erweiterung des Basismodells um die genannten Möglichkeiten von Flächen- und Körperkombinationen erlaubt über Volumenelemente eine allgemeingültige und allgemein anwendbare Beschreibung aller Operationsflächen und wahlweise des gesamten Werkstücks, die insbesondere für eine rechnerinterne Verfahrwegbestimmung, -optimierung einschließlich der Positionierbewegungen und für Kollisionsbetrachtungen Voraussetzung ist. Sämtliche in die Technologiemoduln implementierbaren Processorfunktionen (vgl. 4.2.1 ... 4.2.4) sind mit Informationen dieses Geometriedatenmodells realisierbar. Nicht zu vernachlässigen ist der hohe Aufwand zur Beschreibung des Gesamtwerkstücks, der allerdings bei einem vorgeschalteten CAD-System für die NC-Programmierung entfällt.

Geschieht die Geometriedateneingabe erst im CAM-/CAQ-Bereich z.B. bei Auftragsfertigung bzw. nicht vorhandenem oder unzureichendem CAD-System (Drahtmodell) kann mit dem auf der Operationsfläche basierenden Prinzip zugunsten einer Reduktion des Eingabeaufwandes der Definitonsumfang auch auf die zur Fertigung relevanten Elemente beschränkt bleiben. Im Gegensatz zur Geometriebeschreibung des Gesamtwerkstücks sind bestimmte Technologieberechnungen dann nicht mehr automatisiert durchführbar. Hierunter fällt die Ermittlung kollisionsfreier Positionierbewegungen, die bei prismatischen Werkstücken jedoch meist einfach ist. Alternativ steht die Eingabe vereinfachter Kollisionskörper über Quader offen, die bereits für eine Berechnung nicht optimierter, kollisionsfreier Verfahrwege hinreichend ist.

Das entwickelte Geometriedatenmodell genügt mit diesen universellen und variablen Beschreibungsmöglichkeiten allen Zielsetzungen im Fertigungsbereich unter weitgehender Berücksichtigung auch divergierender Forderungen. Ein besonderer Vorteil ist für die NC-Programmierung in der individuell wählbaren, praxisgerechten geometrischen Komplexität zu sehen, die eine stufenweise Realisierung und Anwendung von automatisierten Technologieprocessorfunktionen erlaubt. Bild 4.14 charakterisiert die wesentlichen Merkmale dieses Modells und stellt sie dem Basismodell gegenüber.

Bezeichnung	N.C.M.E.S.-Volumenmodell	Operationsflächenorientiertes CAM-/CAQ-Volumenmodell
Flächen-typen und Elemente	Kreiszylinder, Kreiskegel, Kugel, Konturzylinder } Volumenelemente	Kreiszylinder*, Kreiskegel*, Kugel, Konturzylinder, Ebenen } Volumenelemente Quader* } Sonderelement * Eingabe über "primitives" möglich
Beschreibung der Elemente durch	Mantelfläche Begrenzungsebenen	Operationsfläche Begrenzungskörper Begrenzungsflächen Begrenzungslinien Durchdringungskörper
Technologie-datenbezug	nein	ja

Bild 4.14: Geometriedatenmodelle im Fertigungsbereich

Neben den geometrischen Daten sind entsprechend der Bauteilfunktion technologische Zusatzinformationen wie Toleranzen für Maßabweichungen, Rauhigkeiten usw. festgelegt, die für eine operationsflächenspezifische Werkzeugauswahl, Schnittwertermittlung, Meßdatenauswertung usw. grundlegend sind. Die Abspeicherung des Geometriedatenmodells ist deshalb so zu gestalten, daß eine eindeutige Zuordnung dieser Informationen gewährleistet ist.

4.3 Realisierung der Geometriedatenbasis

Die abstrakte Formulierung eines Geometriedatenmodells ist durch einen für die Rechnerverarbeitung geeigneten Informationsfluß und die zugehörigen Programmkomponenten zu realisieren. Die benutzer- und anwendungsrelevanten Schnittstellen äußern sich in den Möglichkeiten der Programmierung und dem Inhalt sowie Aufbau der Speicherungsstruktur als Ausgabe der Verarbeitungsglieder.

4.3.1 Programmierung und Definitionen

Die konventionelle NC-Programmierung mit der Eingabe über Sprachanweisungen wird zunehmend durch Dialogeingabe, teilweise unterstützt durch grafische Elemente, ergänzt. Die Ausgabe und die Dokumentation bei der Dialogprogrammierung erfolgen jedoch weiterhin überwiegend in Form der bekannten Teileprogrammanweisungen, so daß hier primär auf Spracheingaben für das erarbeitete Geometriedatenmodell eingegangen werden kann. Als weitere Alternative der CAM-/CAQ-Geometriedatenerstellung ist die Übernahme von CAD-Daten zu betrachten.

4.3.1.1 Teileprogrammanweisungen

Normgerecht und in Kontinuität zu den Basissystemen ist der die APT-Systeme kennzeichnende Anweisungsaufbau mit Symbol, Hauptwort und Nebenteil, der auch zur Operationsflächendefinition beibehalten wird. Da das Operationsflächenprinzip als funktionale Erweiterung des N.C.M.E.S.-Volumenmodells anzusehen ist, wird das dort Volumenelemente charakterisierende Hauptwort BODY übernommen. Inhalt und Modifikationsmöglichkeiten der erweiterten Anweisungsformen sind Bild 4.15 zu entnehmen, nicht aufgeführt ist die Programmierung der Sonderelemente.

Nach der Materialseitenangabe, die einen Hohl- oder Vollkörper beschreibt bzw. bei Ebenen auch über einen die Materialseite

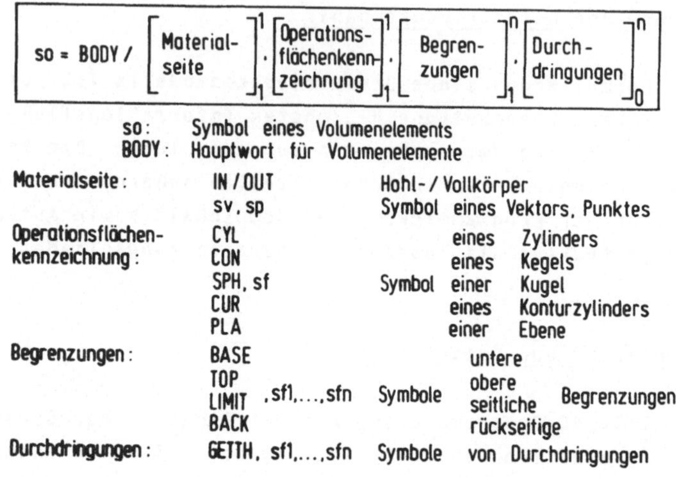

Bild 4.15: Teileprogrammeingabe operationsflächenorientierter Volumenelemente

identifizierenden Vektor oder Punkt erfolgen kann, steht das Symbol der Operationsfläche. Zulässig sind die bei einem prismatischen Werkstückspektrum auftretenden, analytisch beschreibbaren Flächentypen, die als 3D-Flächendefinition im Teileprogramm enthalten sind. Es folgen die Symbole der Begrenzungskörper oder -flächen. Im Falle von Durchdringungen ergänzen die Symbole dieser Volumenelemente die Anweisung. Da jedoch eine wechselseitige Beziehung zwischen Funktion eines Elements als Durchdringung in einer Anweisung und Verwendung dieses Symbols als Begrenzung in der Operationsflächendefinition der Durchdringungsfläche besteht, kann meist diese redundante Angabe entfallen. Die Beziehungen einzelner Flächen zueinander sind dabei im Verlauf der Processorverarbeitung rechnerintern aufbaubar.

Im Beispiel des Bildes 4.16 werden die Anweisungen zur geometrischen Beschreibung der Operationsflächen eines Steuerblocks für hydraulische Anlagen dargestellt. Die Definitionen der Ebenen erlauben die Werkzeugwegbestimmung für die Fräsbearbeitung, die

```
I N T G E O          VERSION 2/83                VAX 11/780

        PARTNO/ STEUERBLOCK E 11/704
        $$
        $$ PROGRAMMIERBEISPIEL
        $$
        $$ DER PRINZIPIELLE AUFBAU VON TEILEPROGRAMMANWEISUNGEN
        $$ FUER OPERATIONSFLAECHEN IST IN BILD 4.15 ERLAEUTERT.
        $$ SYMBOLE UND MASSE ENTHAELT DIE PROGRAMMIERSKIZZE


        $$ DEFINITION DER OPERATIONSFLAECHEN
        $$
        $$ KOLLISIONSELEMENT
           SK     = BODY / CUBOID,P1,130,60,70
        $$
        $$ EBENE FLAECHEN
           SPL1   = BODY / SV1,PLA,PL1,LIMIT,KON1
           SPL2   = BODY / SV3,PLA,PL2,LIMIT,SPL1,G2,G3,G4
           SPL3   = BODY / SV3,PLA,PL3,LIMIT,SPL1,SPL2,G5,G6
        $$
        $$ BOHRUNGEN
           BZYL1  = BODY / IN,CYL,ZYL1,BASE,PL1,TOP,PL5
           BZYL2  = BODY / IN,CYL,ZYL2,BASE,SPL2,TOP,BZYL1
        $$
        $$ VENTILSITZ
           BKEG1  = BODY / IN,CON,KEG1,BASE,SPL3,TOP,PL4
           BZYL3  = BODY / IN,CYL,ZYL3,BASE,PL4,TOP,BZYL2
        $$
           FINI
```

Programmierskizze mit Symbolen

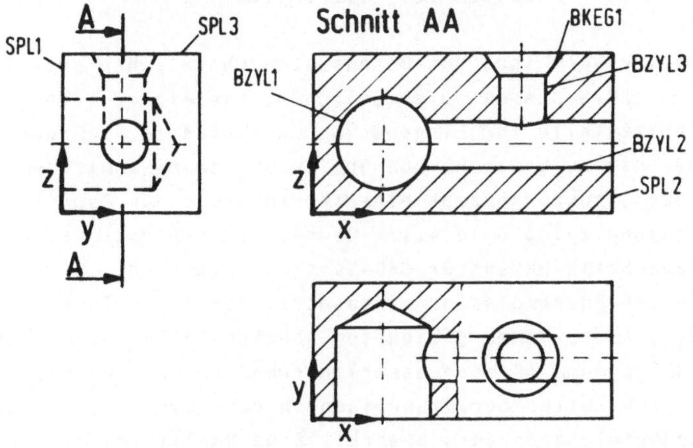

Schnitt AA

Bild 4.16: Beispiel einer Programmierung

Zylinder- und Kegeldefinitionen bilden die Basis für die Bohrwerkzeugauswahl und Verfahrwegermittlung. Gleichfalls sind die eingegebenen Informationen für eine automatische Meßpunktgenerierung unter Beachtung der Kollisionsfreiheit bei Bewegungen des Tastsystems ausreichend, wobei der programmierte Quader das zu berücksichtigende Kollisionselement darstellt.

4.3.1.2 Geometriedateneingabe über CAD-Systeme

Die Ausgabe von CAD-Systemen erfolgt zunehmend einheitlich in Format und Codierung des Inhalts, die in den Vereinigten Staaten als Normvorschlag diskutiert und als "IGES-Norm" /50/ bezeichnet werden. Darin werden sowohl geometrische, grafische als auch assoziative (z.B. Toleranzangaben) Informationen über Codezahlen festgelegt und mit Informationen über strukturelle Zusammenhänge, die Relationen zwischen Elementen beschreiben, als Grundelemente (entities) in einem sequentiellen File abgelegt. Dieser File wiederum gliedert sich in die in Bild 4.17 angegebenen Abschnitte (sections), wobei die Beziehung zwischen dem Inhaltsverzeichnis und den eigentlichen Problemdaten im Parameterfeld über Adressen realisiert ist.

Das Ziel dieser Norm ist, den Datenaustausch zwischen unterschiedlichen CAD-Systemen zu ermöglichen. Sie eignet sich zudem als Schnittstelle zur Eingabe von CAD-Daten in NC-Programmiersysteme, die zu beobachtende breite Übernahme kommt dem entgegen. Das Strukturkonzept einer Verknüpfung zur Geometriedatenübertragung zeigt Bild 4.17. Da das "IGES-Format" keiner internen Datenbasis bekannter CAD-Systeme entspricht, wird zur Ausgabe ein CAD-Postprocessor eingesetzt. Zur Erstellung der für NC-Programmiersysteme geeigneten Schnittstelle ist wiederum ein Anpaßprogramm (Preprocessor) notwendig, das entweder die Ausgabe von Teileprogrammanweisungen oder direkt der integrierten Geometriedatenbasis bewirkt. Eine Realisierung nach dem Prinzip der Teileprogrammausgabe liegt an anderer Stelle für EXAPT vor /42/. Da am Entwicklungsrechner jedoch kein CAD-

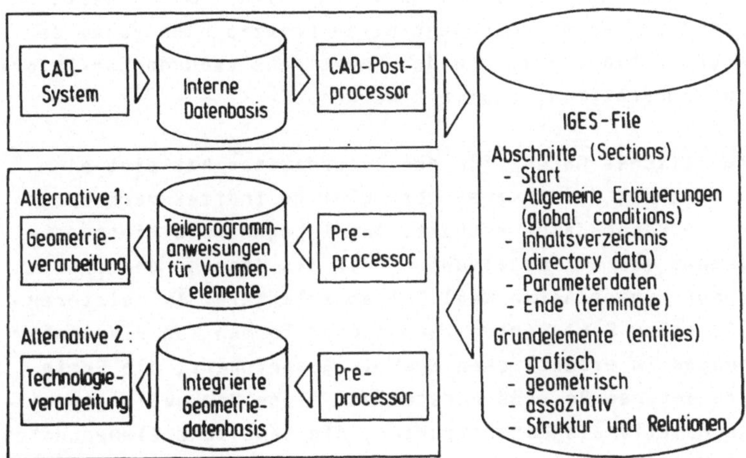

Bild 4.17: Datenübernahme aus CAD-Systemen

System zur Verfügung steht, konnte die Ausführung für die integrierte Geometriedatenbasis oder von Anweisungen für Volumenelemente noch nicht erfolgen.

4.3.2 Rechnerinterne Darstellungen und Speicherungsstruktur

Nach der Verarbeitung der Teileprogrammanweisungen durch den Geometrieprocessor liegen die rechnerinternen Darstellungen (RID) der Volumenlemente als integrierte Geometriedatenbasis vor. Sie gliedert sich in die einzelnen Records, die nach einem einheitlichen Prinzip strukturiert und gespeichert sind.

Das Verfahren der direkten Adressierung von Records (random access) bietet Vorteile hinsichtlich der Recordsuchzeiten, die insbesondere bei der Symbolverarbeitung anfallen. Außer in den Processormoduln wirkt sich dieser Umstand bei einer interaktiven Arbeitsweise des Programmierers, wie sie in Kapitel 5 zur Grafikprogrammierung vorgestellt wird, positiv aus, so daß die

Direktadressierung hier zugrunde gelegt wird. Im Gegensatz zu dem in /45/ angewandten sequentiellen Prinzip kann zudem der Speicherungsaufwand aufgrund des Vermeidens redundanter Informationen beträchtlich reduziert werden.

Als einheitliches Gerüst für den Recordaufbau hat sich ein Prinzip bewährt, das in zwei über gleiche Indizes verknüpften Feldern die Recorddaten enthält. Das Integer-Feld dient dabei der Aufnahme von Schlüsselzahlen, die als Kennung den Inhalt eines jeden zugeordneten Real-Feldes erläutern. Im letzteren sind z.B. neben Komponenten kanonischer Formen von Flächenbeschreibungen im wesentlichen Symbole gespeichert, die Beziehungen zu anderen Records herstellen. Diese Verknüpfungen bilden eine relationale Datenstruktur, die sämtliche Elementdaten berücksichtigt (Bild 4.18).

Teileprogrammanweisungen
ZYL1 = CYLNDR/P1, SV1, 22.5
BZYL1 = BODY/ IN, CYL, ZYL1, BASE, PL1, TOP, PL5
(vgl. Bild 4.16)

Relationen:
BZYL1
ZYL1 PL1 PL5
SV1 P1

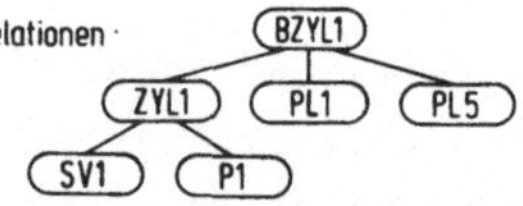

Record eines Volumenelements

INDEX	INTEGER*2	REAL*8
1	Recordlänge (8)	Volumenelement (1125)
2	Symbolindex (0)	Symbol (BZYL1)
3	Materialseite (4201)	Voll-/Hohlkorper (3518)
4	Operationsflache (4200)	Symbol (ZYL1)
5	Begren- (BASE: 4179)	Symbol (PL1)
6	zungen (TOP · 4180)	Symbol (PL5)
7	Durchdringungen (4185)	Symbol (BZYL2)
8	Verwendung als Begrenzung (4215)	Symbol (BZYL2)
9	Verwendung als Durchdringung (4220)	Symbol (-)
10	Hüllquader (1150)	internes Symbol (-)
11	Assoziativdaten	internes Symbol (-)

Recordzuordnung über Symbole ⇨

Rückbezug ⇦

Record einer Operationsflache
(Klammerwerte entsprechen den Daten fur die Teileprogrammanweisungen)

INDEX	INTEGER*2	REAL*8
1	Recordlange (11)	Zylinderflache (1121)
2	Symbolindex (0)	Symbol (ZYL1)
3	Kennung (3)	Komponen- (X 30)
4	fur (3)	ten der (Y 0)
5	kanonische (3)	kanonischen (Z 30.)
6	Form (3)	Form (EX 0)
7	(3)	(vgl (EY.1)
8	(3)	Bild 4.2) (EZ.0)
9	(3)	(R 105)
10	Verwendete Elemente (VECTOR 1123)	Symbol (SV1)
11	(POINT . 1101)	Symbol (P1)
12	Verwendung als Begrenzung (4215)	Symbol (BZYL1)

Bild 4.18: Prinzipieller Aufbau und Beispiele von Records

Die Identifikation von Records erfolgt zum einen über Elementkennungen, die Unterscheidungen zwischen verschiedenen Typen zulassen, zum anderen über das wahlweise indizierte Symbol, das im Teileprogramm verwendet wird. Die Abspeicherung und Verwaltung der Records kann damit Datenhandhabungsprogrammen übertragen werden, die in der Lage sind, nach diesen identifizierenden Suchkriterien Records bereitzustellen.

Die Records in Bild 4.18 zeigen beispielhaft Aufbau und Inhalt für ein Volumenelement und für einen Zylinder als Operationsfläche. Der Symboleintrag wird so vorgenommen, daß sämtliche Verknüpfungen eines Elements jeweils in den Records gespeichert werden. Das Symbol BZYL1 im Record der Operationsfläche verdeutlicht, daß auch der Rückbezug zum Volumenelement durchführbar ist sowie die bei der Definition von ZYL1 verwendeten Elemente (VEC1,P1) mitgeführt werden. Über diese Abhängigkeiten können z.B. für eine automatische Meßpunktgenerierung beim Übergang zwischen zwei Meßflächen schnell die zu berücksichtigenden Elemente aufgefunden werden, ohne sämtliche Flächen abprüfen zu müssen.

Für Volumenelemente von Vollkörpern wird automatisch ein Hüllquader generiert, dessen Daten über einen separaten Record ansprechbar sind. Der Zugriff geschieht über ein intern, d.h. nicht vom Benutzer definiertes Symbol, das im entsprechenden Feldelement zu finden ist. Neben geometrischen Daten bieten CAD-Systeme zum Teil auch weitere Informationen, die für den Fertigungsbereich von Interesse sind, beispielhaft können hier Längen-, Winkel-, Form-, Lagetoleranzen sowie textliche Zusätze angeführt werden. Ihre Abspeicherung geschieht gleichfalls in einem gesonderten, als Assoziativrecord bezeichneten Datenblock. Als Kennungen für diese Zusatzinformationen werden die in EXAPT bzw. N.C.M.E.S. festgelegten internen Codierungen eingesetzt, so daß eine einfache Umsetzung gewährleistet bleibt.

Nach Verarbeitung des Teileprogramms kann zur Kontrolle für den Benutzer eine Referenzliste ausgegeben werden, die eine Übersicht aller Volumenelemente und ihrer Verknüpfungen anbietet.

Bild 4.19 gibt die Referenzliste für das Beispiel aus Bild 4.16 wieder. Zusätzlich ist ein Ausdruck mit den kanonischen Formen aller Flächen- und 2D-Elemente möglich.

REFERENZLISTE VOLUMENELEMENTE

VOLUMEN-ELEMENT SYMBOL	IN OUT	OPERAT.FL. SYMBOL	TYP	BEGRENZUNGEN SYMBOL	TYP	DURCHDRING. SYMBOL	TYP	VERWENDUNGEN SYMBOL	TYP
SK	O	SONDER	CUB						
SPL1	O	PL1	PLA	KON1	CUR	ZYL1	CYL	SPL2	PLA
				$$INT1	PLA			SPL3	PLA
SPL2	O	PL2	PLA	SPL1	BOD	BZYL2	BOD	SPL3	PLA
				G2	LIN			BZYL2	BOD
				G3	LIN				
				G4	LIN				
				$$INT2	PLA				
SPL3	O	PL3	PLA	SPL1	BOD	BKEG1	CON	BKEG1	BOD
				SPL2	BOD				
				G5	LIN				
				G6	LIN				
				$$INT2	PLA				
BZYL1	I	ZYL1	CYL	PL1	PLA	BZYL2	BOD	BZYL2	BOD
				PL5	PLA				
BZYL2	I	ZYL2	CYL	SPL2	BOD	BZYL3	BOD	BZYL3	BOD
				BZYL1	BOD				
BKEG1	I	KEG1	CON	SPL3	BOD				
				PL4	PLA				
BZYL3	I	ZYL3	CYL	PL4	PLA				
				BZYL2	BOD				

Bild 4.19: Referenzliste für ein Teileprogramm

4.3.3 Processoraufbau

Nach der Erläuterung der Eingangs- (Teileprogramm) und der Ausgangsschnittstelle (integrierte Geometriedatenbasis) werden in diesem Abschnitt die Verarbeitungsglieder und ihr Zusammenwirken behandelt. Gemäß der funktionalen Erweiterung gegenüber dem

Basismodell auf Seiten der Teileprogrammanweisungen können Verarbeitungsglieder des N.C.M.E.S.-Geometrieprocessors als Grundlage eingesetzt werden. Ergänzungen sind zum einen im Interpretationsteil vorzunehmen, da neben neuen Anweisungselementen auch eine geänderte Regelung bei der Symbolverarbeitung aufgrund der internen Symbole eingeführt werden. Wesentliche Erweiterungen und Umstellungen sind allerdings in den übrigen, in Bild 4.20 aufgeführten Moduln erforderlich.

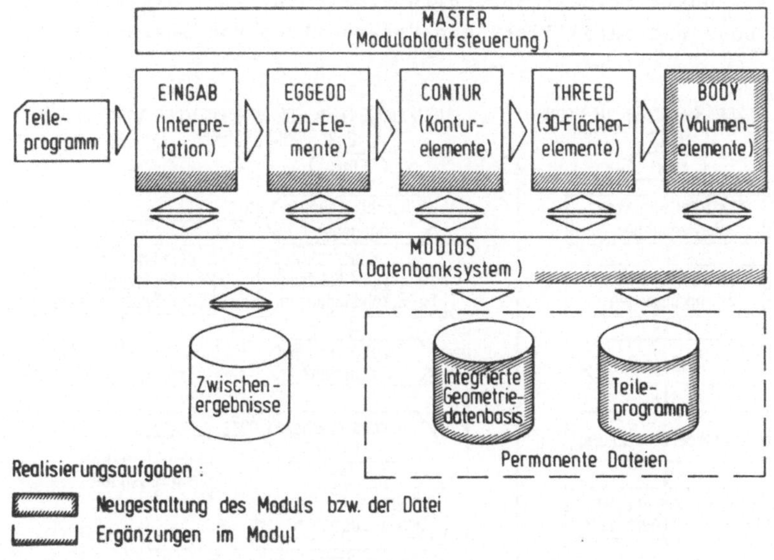

Bild 4.20: Modulstruktur des Geometrieprocessors

In allen Geometriemoduln sind die neuen Recordstrukturen zu implementieren. Auswirkungen ergeben sich nicht nur bei der Recordausgabe, sondern auch auf die gesamte Symbolverarbeitung, da die Daten eines jeden Elements grundsätzlich über das Datenbanksystem abzurufen sind. In der vorliegenden Realisierung wird hierfür das Datenverwaltungssystem MODIOS eingesetzt, das die geforderten Leistungsmerkmale mehrheitlich aufweist und nur für die permanente Abspeicherung der Dateien zu erweitern ist. Der gewählte Processor- und Recordaufbau erlaubt darüber hinaus, andere Datenbanksysteme zu berücksichtigen.

Neu zu gestalten ist der Modul BODY zur Verarbeitung der Volumenelementdefinitionen. Die Erweiterung der zulässigen Begrenzungen verlangt die Implementierung neuer Algorithmen z.B. für die Hüllkörperberechnung und bedingt eine geänderte Strukturierung sowie zusätzliche Regeln für die Abprüfung der Zulässigkeit und eindeutigen Definition der Volumenelemente. Hier ist die Hinzunahme von Durchdringungen zu nennen, da beispielsweise abzuprüfen ist, ob die grundlegende Bedingung gemeinsamer Schnittpunkte erfüllt ist. Bild 4.21 zeigt den Aufbau des Moduls BODY und detailliert die Verarbeitung von Durchdringungen.

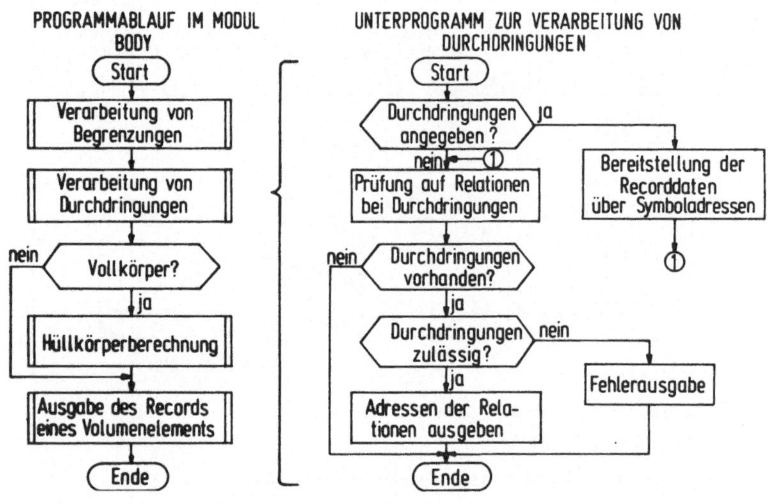

Bild 4.21: Aufbau und Vorgehensweise im Modul BODY

Ergänzend zur Ausgabe der integrierten Geometriedatenbasis als permanenter Datei werden die Teileprogrammanweisungen in sequentieller Folge abgelegt. Dies unterstützt die Dokumentation und erlaubt die einfache Obernahme der Daten in verschiedene Programmiersysteme, die auch andere interne Datenstrukturen verwenden.

5 Anwendung integrierter Geometriedaten

In diesem Abschnitt soll exemplarisch die Anwendung integrierter Geometriedaten veranschaulicht werden, wobei zwei Prinzipien zu unterscheiden sind. Wie erwähnt erfordert die Datenumsetzung in Teileprogrammanweisungen für bestehende Programmiersysteme keine Änderungen dieser Systeme. Allerdings werden die mit integrierten Geometriedaten zusätzlich möglichen Technologieprocessorfunktionen nicht genutzt. Zur Reduktion des Entwicklungsaufwandes im Rahmen dieser Arbeit wurde jedoch für EXAPT und N.C.M.E.S. eine derartige Realisierung entsprechend Bild 5.1 vorgenommen. Auf Programmierung und die benötigten Programmbausteine wird in 5.1 eingegangen.

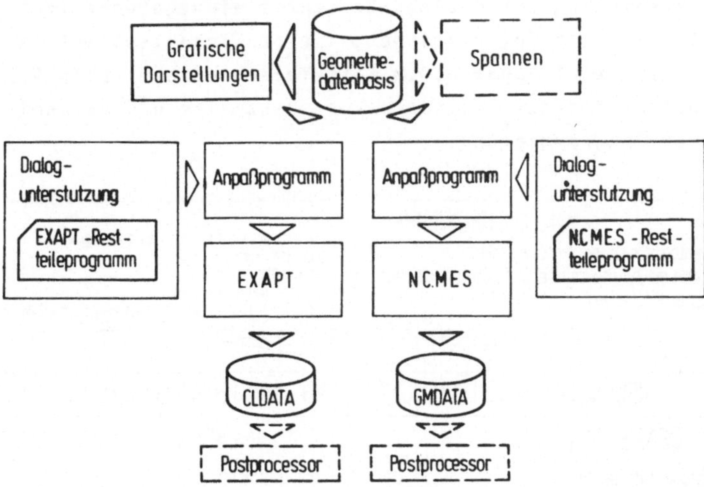

Bild 5.1: Realisierte Verknüpfung von Programmiersystemen

Im Gegensatz zur hier vorteilhaften Umsetzung von Geometriedaten in Teileprogrammanweisungen greift der entwickelte Grafikmodul direkt auf die Geometriedatenbasis zu. Erweiterungen zum Einbezug und zur Verarbeitung aller geometrischen Informationen wurden ausgeführt und werden in 5.2 vorgestellt. Auf die weitergehende Konkretisierung des funktionalen Konzepts eines Programmiersystems für das Spannen (vgl. Bild 4.10) wird jedoch in dieser Arbeit verzichtet.

5.1 Integration von EXAPT und N.C.M.E.S.

Der in Bild 5.1 skizzierte Lösungsweg erfüllt die Zielsetzung einer einmaligen Geometriedatenprogrammierung, ist allerdings auch mit einer wiederholten Verarbeitung der Teileprogrammanweisungen für die Geometrie verbunden. Die damit einhergehenden zusätzlichen Speicher- und Rechenkosten sind für die hier relevante exemplarische Realisierung nicht von Bedeutung. Die Erstellung einer optimierten Programmkette muß jedoch das Ergebnis ergänzender programmtechnischer Entwicklungen sein, die auch zusätzliche Technologiefunktionen einzubeziehen haben.

Die Anpaßprogramme greifen auf die Geometriedaten zu und generieren in Verbindung mit dialogunterstützt eingegebenen Technologiedaten und mit Informationen, die den Arbeitsablauf beschreiben, ein EXAPT- oder N.C.M.E.S.-Teileprogramm. Bild 5.2 zeigt am Beispiel eines Zylinders Vorgehensweise und Dateneingabe bei der Programmierung.

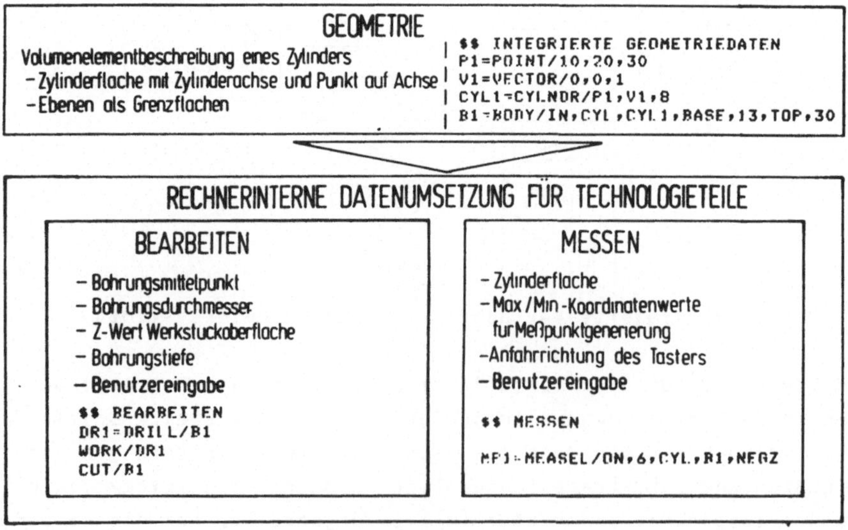

GEOMETRIE

Volumenelementbeschreibung eines Zylinders
- Zylinderflache mit Zylinderachse und Punkt auf Achse
- Ebenen als Grenzflachen

```
$$ INTEGRIERTE GEOMETRIEDATEN
P1=POINT/10,20,30
V1=VECTOR/0,0,1
CYL1=CYLNDR/P1,V1,8
B1=BODY/IN,CYL,CYL1,BASE,13,TOP,30
```

RECHNERINTERNE DATENUMSETZUNG FÜR TECHNOLOGIETEILE

BEARBEITEN

- Bohrungsmittelpunkt
- Bohrungsdurchmesser
- Z-Wert Werkstuckoberflache
- Bohrungstiefe
- Benutzereingabe

```
$$ BEARBEITEN
DR1=DRILL/B1
WORK/DR1
CUT/B1
```

MESSEN

- Zylinderflache
- Max/Min-Koordinatenwerte furMeßpunktgenerierung
- Anfahrrichtung des Tasters
- Benutzereingabe

```
$$ MESSEN
MP1=MEASEL/ON,6,CYL,B1,NEGZ
```

Bild 5.2: Beispiel einer Datenumsetzung

Die Geometrieanweisungen beschreiben das Volumenelement für eine Bohrung. Für die Umsetzung in EXAPT können daraus Bohrungsmittelpunkt, -durchmesser, -tiefe und der z-Wert der Werkstückoberfläche als Punkt für die Werkzeugpositionierung gewonnen werden, so daß vom Benutzer in der Bearbeitungsdefinition lediglich noch das Symbol des Volumenelements anzugeben ist. Die Zuordnung der Bearbeitungsdefinition und der Bearbeitungsstelle vervollständigen das Teileprogramm. Da für das Messen andere, im rechten Bildteil aufgeführte Informationen benötigt werden, ist hierfür ein gesondertes Anpaßprogramm zur Datenumsetzung notwendig.

Anhand Bild 5.3 sollen der Aufbau dieses Anpaßprogramms und der Informationsfluß detailliert erläutert werden. Die Technologiedateneingabe beginnt mit dem Aufruf des Tasters einschließlich der Taststiftangabe. Über das Hauptwort MEASEL wird die Meßpunktaufnahme und gleichzeitig die Meßpunktverdichtung für einen Zylinder programmiert. Weitere Informationen bestimmen die Meßpunktanzahl (hier: 6) sowie die Anfahrrichtung des Tasters (NEGZ). Das angegebene Symbol (B1) für das Volumenelement gestattet die Bereitstellung der Geometrie, wozu auch hier das in 4.3.3 angeführte Programm MODIOS eingesetzt wird. Im folgenden Schritt werden - wie im derzeitigen Processorstand von N.C.M.E.S. verlangt - Meßflächenbegrenzungen errechnet, die als Maximal- und Minimalwerte bezüglich der Hauptachsen im Werkstückkoordinatensystem zu bestimmen sind. Dies bedeutet jedoch auch, daß keine optimale Meßpunktverteilung auf der Gesamtfläche erfolgt und Durchdringungen zu einer starken Einengung der Meßfläche führen können. Die Vermeidung dieser Restriktionen ist nur durch umfassende funktionale Erweiterungen der Technologiemoduln in Verbindung mit einem Direktzugriff auf die integrierte Datenbasis möglich, von denen hier abgesehen wird.

Die Realisierung des in dieser Arbeit beschriebenen Lösungswegs bedient sich der in beiden Programmiersystemen verfügbaren Unterprogrammtechnik (Macrotechnik). Dabei werden problemorientierte parametrisierte Unterprogramme einmalig erstellt und in ei-

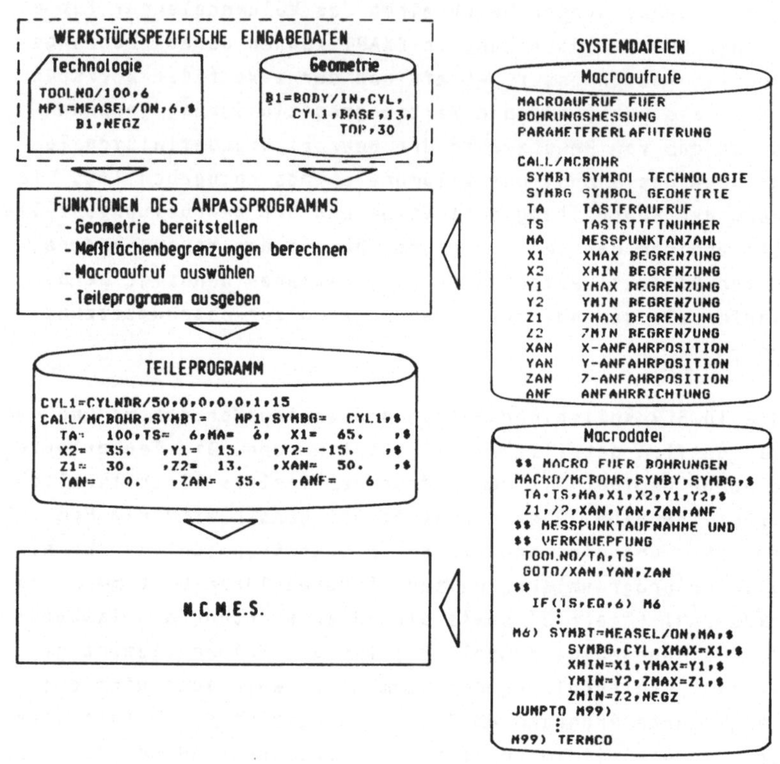

Bild 5.3: Ablauf, Funktionen und Schnittstellen des Anpaßprogramms für N.C.M.E.S. bei Anwendung der Macrotechnik

ner permanenten Datei abgelegt. Eine Aufgabe des Anpaßprogramms besteht darin, entsprechend der Eingabe den relevanten Aufruf aus der Datei auszuwählen. Anschließend werden die aus Geometrie und Technologie generierten Werte für die Parameter in den Unterprogrammaufruf übernommen. Bild 5.3 zeigt am konkreten Beispiel die Teileprogrammausgabe sowie einen Auszug des aufgerufenen Macros. Durch die Möglichkeit der Programmierung logischer Abfragen und von Sprüngen kann mit diesem Unterprogramm die Messung beliebiger Zylinder erfolgen.

Das Konzept zur Datenumsetzung für EXAPT ist analog aufgebaut. Inhaltlich anders und deshalb neu zu erstellen sind das Anpaßprogramm und die beiden Systemdateien.

5.2 Grafische Darstellungen

Die Analyse der Forderungen, die an grafische Darstellungen im Fertigungsbereich gestellt werden, zeigt auf (vgl. 4.2.4), daß eine Kontrolle der Eingabe (Teileprogramm) und der Verarbeitungsergebnisse (Processorausgabe) verschiedene Darstellungsteile bedingt. Bild 5.4 verdeutlicht exemplarisch die Zusammensetzung einer Grafikausgabe aus überlagerten Bildteilen (Bildscheiben), die in ihrer Funktion und Aussage unterschiedlich sind.

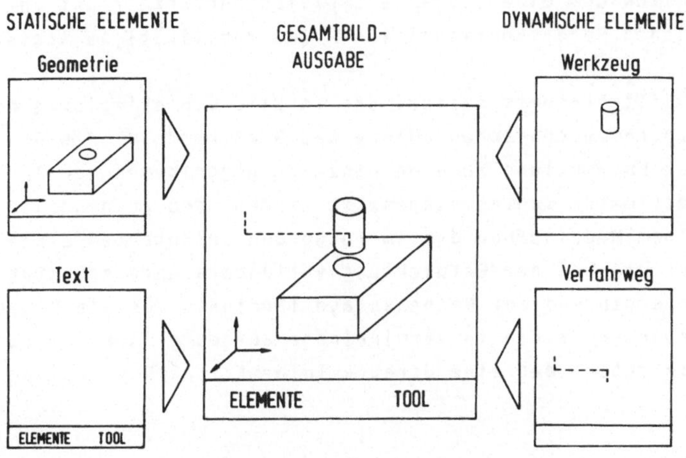

Bild 5.4: Zusammensetzung einer Grafikausgabe aus Bildscheiben

Die geometrischen Elemente sind ortsfest im Werkstückkoordinatensystem und können demnach innerhalb einer Bildausgabe als statisch angesehen werden. Hilfreich für den Benutzer sind textliche Erläuterungen und Grafiksymbole, die Ansicht, Maßstab, dargestellte Elemente und die Bezeichnung des eingesetzten Werkzeugs kennzeichnen. Die dynamischen Elemente charakterisieren den Fertigungsablauf, der sich durch den gestrichelt gezeichneten Verfahrweg und die Abbildung des Werkzeugs darstellen läßt.

Neben den Bildinhalt bestimmenden Forderungen sind bei der Konzeption eines Grafikmoduls auch Ansprüche des Bedieners an die Bildgestaltung und wirtschaftliche Oberlegungen zu berücksichtigen. Als Einflußmöglichkeiten werden bei der Bildgestaltung vom Programmierer die Auswahl der Ansicht, verschiedene Funktionen zur Skalierung (vgl. 5.2.3), optionales Ausblenden verdeckter Kanten und Angabe des Bildinhalts verlangt. Da Grafikausgaben im Fertigungsbereich eine kontrollunterstützende Bedeutung zukommt, ist bei der Programmstruktur hinsichtlich einer wirtschaftlichen Anwendung auf geringen Speicherplatz, kurze Rechenzeiten und eine einfache Implementierbarkeit auf unterschiedlichen Gerätekonfigurationen (Portabilität) zu achten.

Auf diesem Pflichtenheft basiert das in Bild 5.5 skizzierte Konzept der programmtechnischen Lösung des Grafikmoduls. Als Grundlage bei der Entwicklung konnten einzelne Algorithmen zur Darstellung bestimmter Kanten eingesetzt werden, neu zu gestalten sind neben dem Modulaufbau die im folgenden erläuterten Einzelkomponenten. Die bei der Entwicklung verfügbare Geräteausstattung umfaßt ergänzend zur Rechenanlage Terminals für die Dialogprogrammierung und einen in Terminalnähe aufgestellten Vierfarben-Trommelplotter, der eine direkte Informationsrückkopplung erlaubt.

5.2.1 Dialogprogrammierung

Lösungen zur Dialogprogrammierung eines Grafikmodul, der als zusätzlicher Baustein eines NC-Programmiersystems die Darstellung von Volumenelementen und von Verfahrwegen erlaubt, sind nicht verfügbar, so daß ein geeignetes Konzept aufzustellen und auszuführen ist.

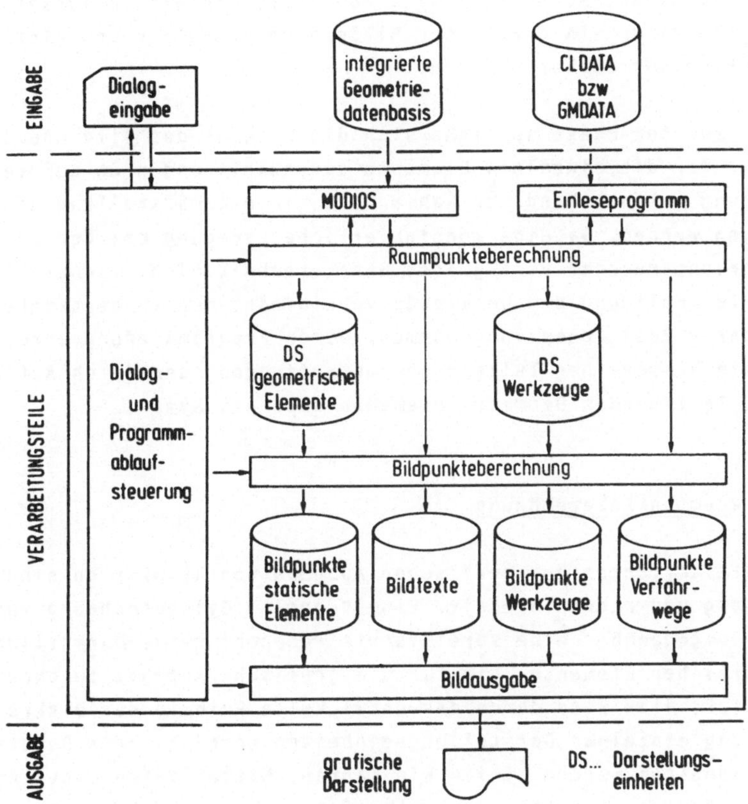

Bild 5.5: Aufbau des Grafikmoduls

Die Programmierung einer Darstellung gliedert sich in zwei Phasen. Im ersten Schritt werden gestaltende Informationen eingegeben. Hierzu zählen der Projektionsvektor bzw. die Auswahl der Ansicht, die Einteilung der Bildfläche mit der Möglichkeit mehrere Ansichten gleichzeitig darzustellen und der Skalierungsfaktor als Maß zwischen realen und Bildschirmkoordinaten. Diese Daten bleiben als Rahmenwerte für eine Bildausgabe erhalten, während eines Ausführungslaufs des Grafikmoduls ist jedoch eine beliebige Anzahl Bildausgaben programmierbar. Dies erlaubt z.B. verschiedene Betrachtungsweisen, wobei als Hardwarevoraussetzung allerdings ein grafischer Bildschirm schneller und wirtschaftlich vorteilhafter wäre.

In der zweiten Phase schließt sich die Eingabe des Bildinhalts an, bei der die einzelnen Elemente ausgewählt und nach der Verarbeitung entsprechend der Rahmenwerte in die Darstellung eingetragen werden. Da eine kontinuierliche Bewegung bei der am Entwicklungsrechner verfügbaren Gerätetechnik nicht machbar ist, wird die Abbildung des Werkzeugs vereinfacht nur in bestimmten angebbaren Positionen vorgenommen. Deren Programmierung erfolgt über die Nummern der Teileprogrammanweisungen oder durch Aufruf des zu fertigenden Geometrieelements über das Symbol.

5.2.2 Raumpunkteberechnung

Bekannte Verfahren zur grafischen Ausgabe von Raumkurven sind aufwendig und rechenintensiv. Eine schnelle Bildberechnung verlangt demgegenüber eine vereinfachte rechnerinterne Darstellung geometrischer Elemente, die für die grafische Ausgabe zweckorientiert ist. Dies wird durch das entwickelte Prinzip der Diskretisierung einzelner Darstellungseinheiten erreicht. Als Darstellungseinheiten werden Linien wie Kanten, Mittellinien eines Rotationskörpers oder Teile eines Verfahrweges bezeichnet. Eine Darstellungseinheit ist jedoch auch ein Flächenstück zwischen sichtbaren Kanten, das z.B. bei Farbbildschirmen mit Punktrastertechnik farbig unterlegt werden kann (vgl. 5.2.4).

Das Prinzip der Diskretisierung erläutert Bild 5.6. Die Raumkurve einer Kante läßt sich für grafische Ausgaben bei NC-Programmiersystemen hinreichend genau durch einen Polygonzug beschreiben, dessen Ecken als Raumpunkte bezeichnet und abgespeichert werden. Die Anzahl Raumpunkte je Kante wird element- und implementierungsabhängig festgelegt. Eine Erhöhung der Polygonzugteile bedingt damit lediglich Änderungen einer Programmkomponente und geht in die Rechenzeit ein. Dieses Verfahren wird sowohl für Kanten zwischen Operationsflächen und Begrenzungsflächen als auch bei Durchdringungsflächen angewandt.

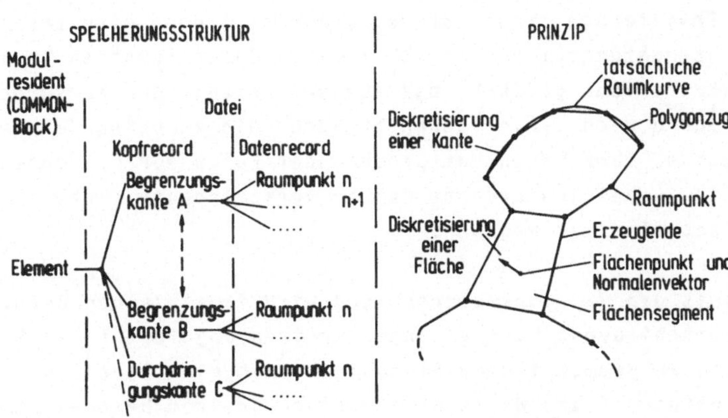

Bild 5.6: Diskretisierung von Linien und Flächen

Für die hier relevanten Regelflächen wird die Fläche zwischen den einzelnen Begrenzungskanten entsprechend der jeweiligen Regel aufgespannt. Analog zur Vorgehensweise bei Kanten wird nun die Gesamtfläche in diskrete Flächensegmente aufgespalten. Über eine geeignete rechnerinterne Verknüpfung der Begrenzungskanten einer Operationsfläche können deren Raumpunkte - unter der Voraussetzung einer identischen Raumpunkteanzahl je Kante - einander zugeordnet werden, die auf der gleichen Erzeugenden liegen. Dies bedeutet, daß mit zwei Polygonzugteilen und der Erzeugenden ein Flächenstück festgelegt ist, in dem jeder Flächenpunkt durch Interpolation bestimmt und für grafische Ausgaben, auf die noch eingegangen wird, weiterverwendet werden kann.

Das Raumpunkteberechnungsprogramm und die Dateien der Darstellungseinheiten müssen in der Lage sein, die dargelegten Zusammenhänge zwischen Symbolen, Kantenteilen, Erzeugender und Flächenstücken zu berücksichtigen. Die Symbole aller verarbeiteten

Elemente werden deshalb in einem modulresidenten Feld gehalten, ein Adressenzeiger weist auf den Kopfrecord in der Datei hin. In Anlehnung an bekannte Datenstrukturen in CAD- und CAM-Systemen ist im Kopfrecord eine Kantentabelle abgelegt (Bild 5.6), die auch zwischen Begrenzungs- und Durchdringungskanten unterscheidet. Als Erweiterung dieser Strukturen wird jedoch eine Zuordnung von Begrenzungskanten einschließlich des relevanten Interpolationskriteriums geführt, das aus der Erzeugenden hervorgeht. Der Kopfrecord wird vervollständigt durch die Adressen der Raumpunkterecords. Ihre Daten entsprechen der Folge der Polygonzugstützpunkte, wobei zugeordnete Punkte verschiedener Kanten sich aus den Recordindizes ergeben.

Das Ergebnis der Raumpunkteberechnung wird in einzelnen Dateien für die verschiedenen Darstellungseinheiten abgelegt (Bild 5.5). Die ortsfesten geometrischen Elemente bilden eine Datei, bei der alle Daten auf das Werkstückkoordinatensystem bezogen sind. Im Gegensatz dazu dient in der Datei für Werkzeuge der jeweilige Werkzeugreferenzpunkt als Bezug. Die Dateientrennung bringt Vorteile beim Zugriff, dies ist z.B. für dynamische Werkzeugbewegungsdarstellungen von Bedeutung, bei denen Zugriffe in kurzen Zeitabständen erforderlich sind. Da aus den werkzeugbeschreibenden Informationen im CLDATA bzw. GMDATA Volumenelemente von Zylindern für vereinfachte Werkzeugabbildungen generierbar sind, ist der Aufbau beider Dateien jedoch identisch.

Auch die zur Ausgabe der Verfahrwege notwendigen Daten liegen direkt als Positionswerte von Zielpunkten im CLDATA bzw. GMDATA vor, so daß auf die Einführung einer zusätzlichen Schnittstelle im Modul verzichtet werden kann. Die Anpassung an die Ausgabe von EXAPT oder N.C.M.E.S. beeinflußt nur geringfügig diesen Teil des Grafikmoduls und ist im Einleseprogramm konzentriert.

Als Hilfe bei der Bildinterpretation werden darüber hinaus Informationen wie die Bezeichnung der Ansicht oder der Maßstabsfaktor in die Bildtextedatei eingetragen. Damit entsprechen den Bildscheiben modulintern jeweils Dateien, die als Ergebnis der Raumpunkteberechnung bildunabhängige Daten beinhalten.

5.2.3 Bildpunkteberechnung

Aus den Raumpunkten werden in nachfolgenden Schritten Bildpunkte für die gewünschte Ansicht und auf die verfügbare Zeichenfläche bezogene Bildausgabewerte errechnet. Die Wahl einheitlicher Dateienformen für die Raumpunkte wirkt sich hier vorteilhaft aus, da mit einem Bildpunkteberechnungsprogramm Ausgaben für sämtliche Bildscheiben zu generieren sind. Die auszuführenden Aufgaben gliedern sich dabei in:

- Transformation der Raumpunkte in das Bildkoordinatensystem;
- Visibilitätsuntersuchungen;
- Skalierung;
- Bildausgabe.

Transformation der Raumpunkte in das Bildkoordinatensystem

Die Projektion der Raumpunkte auf die Bildebene liefert x´,y´-Bildpunktkoordinaten. Als zusätzliche Information wird in der z´-Komponente ein Maß für die "Bildtiefe" errechnet, die den Abstand zur Bildebene ausdrückt. Zur Berechnung der Bildpunktkoordinaten dient die in /45/ angegebene allgemeine Transformationsmatrix. Diese Bildpunktinformationen bilden die Basis der Visibilitätsuntersuchungen.

Visibilitätsuntersuchungen

Hierunter fallen sowohl die Berechnung sichtbarer Mantellinien als auch die Verdeckung von Kanten- und Flächenteilen. Das erstellte Mantellinienberechnungsprogramm verbindet zugeordnete Punkte auf zwei Kanten und ermittelt ihren Abstand zur projizierten Mittellinie. Die Abstandsextremwerte kennzeichnen die sichtbaren Mantellinien.

Wie /55,56/ zeigt, sind gegenseitige Verdeckungen verschiedener Volumenelemente nur durch aufwendige programmtechnische Lösungen zu bestimmen. Da bei diesem Modul auf kurze Rechenzeiten zu achten ist, die nur durch einen einfachen und effizienten Algorithmus zu erzielen sind, werden bei der hier entwickelten Vorgehensweise lediglich die Darstellungseinheiten einzelner Volumenelemente auf Eigenverdeckungen geprüft. Dies ist für Darstellungen im Fertigungsbereich hinreichend, bei denen meist nur die Ausgabe der zu fertigenden Operationsfläche gewünscht wird bzw. für Kollisionsbetrachtungen nur wenige Elemente relevant sind.

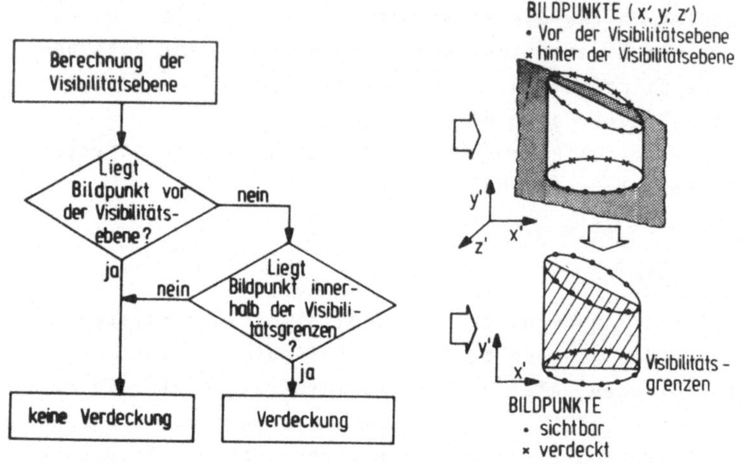

Bild 5.7: Vorgehensweise zur Ermittlung der Eigenverdeckungen

Das Prinzip des erarbeiteten Berechnungsverfahrens für Kanten ist aus Bild 5.7 zu ersehen. Mit Hilfe der Mantellinien und der Kantenpunkte läßt sich eine sogenannte Visibilitätsebene aufspannen. Liegen Bildpunkte "vor" dieser Ebene - zur Berechnung dient die z´-Komponente - ist keine Verdeckung möglich. Weitergehende Betrachtungen erfordern die verbleibenden Punkte, wobei nach Bild 5.7 für darzustellende Punkte auf Lage der x´-,y´-Werte außerhalb der Visibilitätsgrenzen zu prüfen ist.

Um die für die Fertigungstechnik wichtige Unterscheidung in Voll- und Hohlkörper auch der grafischen Darstellung schnell entnehmen zu können, wird eine einfache, jedoch eindeutige Darstellungsregel festgelegt. Mantellinien von Hohlkörpern werden generell gestrichelt gezeichnet, den anderen Fall kennzeichnen durchgezogene Linien. Die Zusammenfassung aller im Modul implementierten Regeln für Kantendarstellungen ist am Beispiel eines Zylinders in Bild 5.8 aufgeführt.

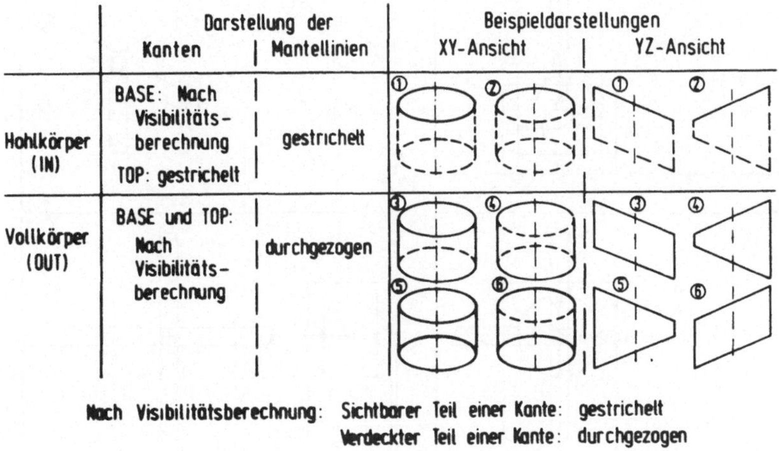

	Darstellung der Kanten	Darstellung der Mantellinien	Beispieldarstellungen XY-Ansicht	Beispieldarstellungen YZ-Ansicht
Hohlkörper (IN)	BASE: Nach Visibilitäts-berechnung TOP: gestrichelt	gestrichelt	① ②	① ②
Vollkörper (OUT)	BASE und TOP: Nach Visibilitäts-berechnung	durchgezogen	③ ④ ⑤ ⑥	③ ④ ⑤ ⑥

Nach Visibilitätsberechnung: Sichtbarer Teil einer Kante: gestrichelt
Verdeckter Teil einer Kante: durchgezogen

Bild 5.8: Darstellungsregeln für Kanten

Skalierung und Bildausgabe

Die realen Abmessungen der Darstellungseinheiten sind in der Bildpunktedatei noch enthalten. Sie müssen durch die Skalierung in Bildausgabewerte umgerechnet werden, die zur Ansteuerung des Ausgabegeräts notwendig sind. Da Verfahren für die Skalierung bekannt sind, muß hier lediglich auf ihre Anwendung und Einordnung in den Grafikmodul eingegangen werden.

Die Skalierung wird programmtechnisch im Bereich der Bildausgabe durchgeführt, so daß Bildvergrößerungen oder -verkleinerungen auf dieser Ebene erfolgen können, ohne eine wiederholte Bildpunkteberechnung vollziehen zu müssen. Der Aufruf von Pro-

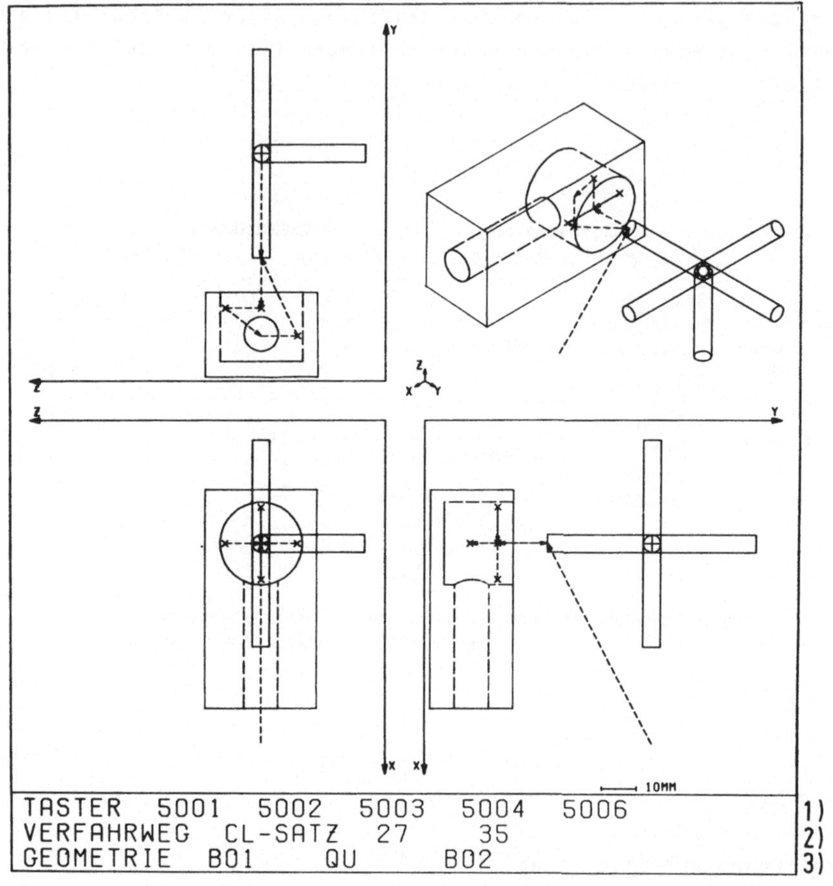

1): In dieser Zeile werden die Taststiftnummern ausgegeben.

2): Diese Zeile enthält die den Verfahrwegen entsprechenden CLDATA-Satznummern.

3): Hier sind die Symbole der dargestellten Volumenelemente aufgeführt.

Bild 5.9: Beispiel einer grafischen Darstellung

grammen zur Unterstützung bei der Weitergabe von Befehlen an das Sichtgerät (Plotter oder Bildschirm) geschieht ebenfalls ausschließlich im Bildausgabeprogramm. Damit sind neben der hier eingesetzten käuflichen und weit verbreiteten Grundsoftware mit geringem Aufwand auch andere Pakete wie z.B. das "graphische Kernsystem" (GKS) /59/ anwendbar. Diese Struktur berücksichtigt auch, daß im Zuge der Leistungserweiterung der Hardware zunehmend Aufgaben der grafischen Datenverarbeitung in das Terminal - vielfach als Terminalintelligenz bezeichnet - verlagert werden können.

In Bild 5.9 ist als Beispiel einer grafischen Ausgabe ein prismatisches Werkstück mit zwei Bohrungen in verschiedenen Ansichten dargestellt. Gezeigt wird auch die Darstellung einer Durchdringungskante und die Möglichkeit der Begrenzung einer Operationsfläche durch eine andere Operationsfläche. Der Ablauf zur Messung einer Bohrung basiert auf Informationen des GMDATA und ist den gestrichelten Verfahrwegen zu entnehmen. Der Aufbau und die Dimensionen des Tastsystems sind gleichfalls ersichtlich. Im Beispiel wird es an der ersten Position nach Aufruf eines neuen Taststifts gezeichnet, so daß alle nachfolgenden Verfahrwege auf diesen Tasterreferenzpunkt bezogen sind. Die Berechnung verdeckter Kanten erfolgt in dieser Bildausgabe nur für die geometrischen Elemente, die Taststifte bleiben unberücksichtigt.

5.2.4 Farbgrafische Darstellungen

Das durch farbgrafische Darstellungen angestrebte Ziel ist, einzelne Bildteile leichter unterscheiden und ihre räumliche Lage besser beurteilen zu können. Damit wird einerseits eine Erhöhung der Bildaussage und andererseits eine Vereinfachung der Bildinterpretation erreicht.

Die einfachste Art des Einsatzes von Farbinformationen besteht in der Zuordnung der Bildscheiben zu Einzelfarben. Diese im Grafikmodul ausgeführte Lösung beschränkt sich auf die Kantenabbildung und eignet sich insbesondere für Plotter als Endgeräte. Die gerätetechnische Ausstattung am Entwicklungsrechner gestattet zwar zum Zeitpunkt der Erstellung dieser Arbeit noch nicht die Möglichkeit farbgrafischer Ausgaben auf Bildschirmen, jedoch soll die Eignung der Modul- und Dateienstruktur als Basis für derartige Darstellungen Gegenstand dieses Abschnitts und Grundlage weiterführender Realisierungen sein. Darüber hinaus ist zu erwarten, daß insbesondere für die kapitalintensiven FFS die Bereitschaft zum Einsatz von Farbgrafikbildschirmen als Kontrollinstrument bei der NC-Steuerdatenerstellung wächst.

Die enge Verknüpfung bei Bildschirmsystemen zwischen Anwenderforderungen, Gerätetechnik und Leistungsfähigkeit der Verarbeitungsprogramme bedingt eine einführende Analyse verfügbarer, prinzipiell einsetzbarer Systeme.

5.2.4.1 Gerätetechnische Einflußfaktoren

Die Forderungen an Bildschirmgeräte im CAM-Bereich leiten sich aus dem Darstellungsinhalt ab, der wesentlich durch Geometrie und Fertigungsablauf bestimmt ist. Wichtige Auswahlkriterien, für die Richtwerte in Klammern angeführt werden, sind deshalb:
- ein breites Farbenspektrum (256 ... 1024 Farben);
- eine hohe Auflösung in horizontaler und vertikaler Richtung (möglichst jeweils 1024 Punkte bei 19" Bildröhren);
- ein schneller Bildaufbau für Darstellungen kontinuierlicher Bewegungen (Bildwiederholrate von 25 ... 40 je Sekunde);
- die Möglichkeit der Flächeneinfärbung;
- ergonomische Bedingungen wie flimmerfreies, kontrastreiches Bild;
- Beschaffungskosten.

Als einsetzbare Bildschirmtechniken werden fast ausschließlich drei Alternativen angewandt:
- Speicherbildschirm (storage tube);
- Vektor-Auffrisch-Bildschirm (vector-refresh-monitor);
- Punktrasterbildschirm (raster-scan-monitor).

Ihre jeweiligen Eigenschaften, Vor- und Nachteile sind /57/ zu entnehmen. Daraus geht hervor, daß insbesondere aufgrund der Forderungen nach schnellem Bildaufbau bei hohem Bildinhalt und nach der Flächeneinfärbung Punktrasterbildschirme zu bevorzugen sind. Sie finden zunehmend Verbreitung einhergehend mit einem rapiden Absinken der derzeit hohen Beschaffungskosten und stehen deshalb im Mittelpunkt der weiteren Ausführungen.

Bild 5.10 erläutert den Aufbau des Bildschirmsystems und zeigt die dem Anwender offenstehenden Schnittstellen bei Anwendung des vorteilhaften Prinzips der indirekten Farbadressierung. Dabei gibt die Pixeltiefe (z.B. 12 bit), die jedem als Pixel (picture element) bezeichneten Rasterpunkt zugeordnet ist, eine Adresse an, die als Index auf eine gespeicherte, vom Anwender modifizierbare Farbtabelle weist. Die Farbtabelle ist zwar auch nur in der Lage, 2^{12} verschiedene Farben bzw. Farbtönungen gleichzeitig zu verarbeiten, jedoch leitet sich der Farbenvorrat aus den

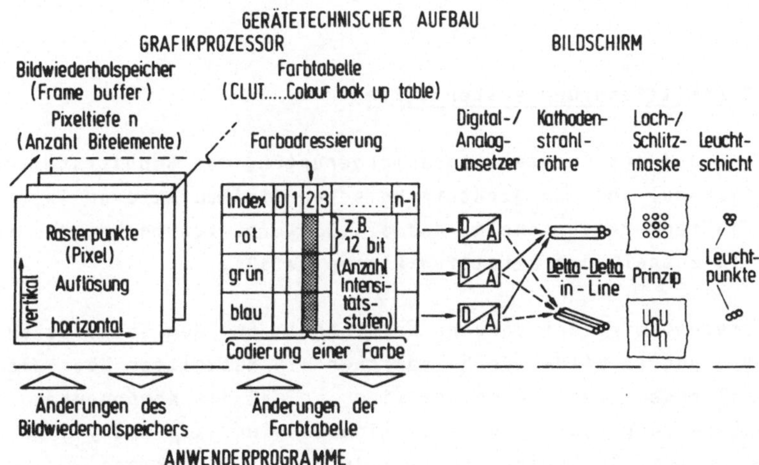

Bild 5.10: Aufbau eines Punktrasterbildschirmsystems mit indirekter Farbadressierung und Kennzeichnung der Schnittstellen zum Anwender

ansteuerbaren Intensitätsstufen für jede Grundfarbe (z.B. je 12 bit) ab. Die Beeinflußbarkeit der Farbtabelle gestattet beispielsweise, bei Auftreten einer Kollision zwischen Werkstück und Werkzeug den Farbton für die Hervorhebung der Werkzeugdarstellung zu verschieben und damit eine wesentliche Verbesserung der grafischen Kontrolle zu erreichen. Zudem werden in Bild 5.10 zwei sich hinsichtlich Kosten und Auflösung unterscheidende Bildröhrenprinzipien angedeutet, wobei die Delta-Delta-Lösung jeweils die höheren Werte aufweist.

Ergänzend ist noch zu erwähnen, daß die Zahl der Pixel im Bildwiederholspeicher meist größer als die Anzahl adressierbarer Bildschirmpunkte ist, so daß lokal im Bildschirmsystem Manipulationen wie Ausschnittvergrößerungen (pan, zoom) oder Verschiebungen (scroll) durchführbar sind. Neben Farbbildschirmen werden einfarbige (monochromatische) Punktrasterbildschirme angeboten, die verschiedene Grautöne ausgeben können. Ihre Funktionsweise und ihr Aufbau ähneln den Farbbildschirmsystemen, damit kann auf eine weitere Betrachtung verzichtet werden.

5.2.4.2 Ermittlung der Rasterpunkte

Basierend auf den Darstellungsanforderungen, den Schnittstellen im Grafikmodul und den gerätetechnischen Einflußfaktoren ist ein Verfahren zu entwickeln, das als Schwerpunktaufgaben die in Bild 5.11 enthaltenen Detailfunktionen umfaßt.

Als Rasterung wird der Vorgang bezeichnet, bei dem entsprechend der Auflösung im Bildwiederholspeicher ein Netzgitter über die darzustellenden Elemente gelegt wird, so daß die Komponenten der Gitter- oder Rasterpunkte bestimmbar sind. x_{ijR} und y_{ijR} geben die Lage im Gitternetz an, z_{ijR} drückt die Bildtiefe aus. Voraussetzung der Rasterung ist die Transformation der Darstellungseinheiten in das Bildkoordinatensystem und die Kenntnis des Rasterungsfaktors für jede Achse, der sich jeweils über die

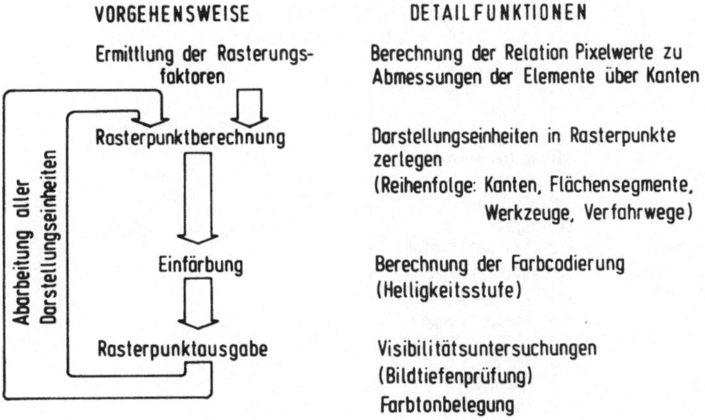

VORGEHENSWEISE

Ermittlung der Rasterungsfaktoren

Rasterpunktberechnung

Einfärbung

Rasterpunktausgabe

Abarbeitung aller Darstellungseinheiten

DETAILFUNKTIONEN

Berechnung der Relation Pixelwerte zu Abmessungen der Elemente über Kanten

Darstellungseinheiten in Rasterpunkte zerlegen
(Reihenfolge: Kanten, Flächensegmente, Werkzeuge, Verfahrwege)

Berechnung der Farbcodierung
(Helligkeitsstufe)

Visibilitätsuntersuchungen
(Bildtiefenprüfung)
Farbtonbelegung

Bild 5.11: Vorgehensweise zur Informationsermittlung für Rasterpunkte

Extremwerte aller Darstellungseinheiten aus den im Rahmen der Bildpunkteberechnung in 5.2.3 ermittelten Kanten generieren läßt. Als Grundlage zur Berechnung dient der Programmteil der Bildausgabe und die Bildpunktedatei im Grafikmodul. Mit den Rasterungsfaktoren für die x_R- und y_R-Achse können anschließend die in jeder Darstellungseinheit liegenden Rasterpunkte ermittelt werden.

Bei der Festlegung der Farbcodierung für einen Rasterpunkt, der sogenannten Einfärbung, sind zwei Kriterien zu berücksichtigen. Zum einen soll aus der Darstellung die räumliche Lage des Punktes andererseits auch die Zugehörigkeit zu einer der Bildscheiben hervorgehen. Aus Bild 5.12 ist die entwickelte Vorgehensweise zur Einfärbung ersichtlich.

Neben den kartesischen Komponenten eines Bildpunkts ist in den Informationen zu den Darstellungseinheiten für Flächensegemente auch der Normalenvektor implizit enthalten, womit der Reflexionswinkel zwischen Normalen- und Projektionswinkel bestimmt werden

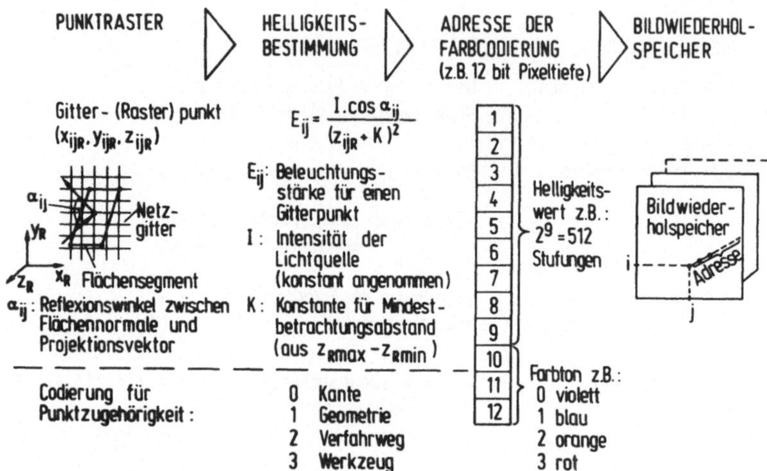

Bild 5.12: Vorgehensweise bei der Rasterpunkteinfärbung

kann. Für Kanten entspricht dem Normalenvektor der sich aus dem Vektorprodukt von Projektions- und Kantenvektor ergebende Vektor. Als Kriterium für die Helligkeit gilt die Beleuchtungsstärke, bei der im Bild angegebenen Formel wird von gleichmäßig diffus rückstrahlenden Flächen ohne Spiegelungen ausgegangen. Damit wird ein Helligkeitswert berechnet, in den der Abstand vom Betrachter und der Reflexionswinkel eingeht.

Die Zugehörigkeit eines Punktes zu einer Bildscheibe läßt sich über die Wahl verschiedener Farbtöne realisieren. Zur Speicherung beider Informationen als Farbadresse im Bildwiederholspeicher wird die Pixeltiefe aufgeteilt, so daß einzelne Bitebenen für den Farbton, die restlichen für die Helligkeitsstufe reserviert sind. Ergänzend zur Farbadressierung sind die Farbcodierungen festzulegen und in der Farbtabelle abzulegen.

An die Einfärbung schließt sich nach Bild 5.11 die Ausgabe der Rasterpunkte an. Zur Visibilitätsuntersuchung für Kanten gilt uneingeschränkt das in 5.2.3 vorgestellte Verfahren. Die Bestimmung von Verdeckungen für Flächenpunkte ist jedoch aufwendig und hat im Anwenderprogramm zu erfolgen. Eine sehr speicherplatzintensive Möglichkeit besteht in der Führung einer zusätzlichen Tabelle mit den Bildtiefenwerten. Bei der anderen Methode werden Flächensegmente geprüft. Sie ist jedoch rechenintensiv und eignet sich nicht für die Dialogprogrammierung.

Für die Anwendungen im CAM-Bereich empfiehlt sich deshalb eine Vereinfachung, bei der zur Berechnung der Beleuchtungsstärke der Reflexionswinkel vernachlässigt wird. Damit wird der Berechnungsaufwand zur Einfärbung verringert und für die Visibilitätsuntersuchung kann direkt der nur noch vom Betrachtungsabstand abhängige Helligkeitswert herangezogen werden. Bei diesem Prinzip wird der berechnete Wert mit dem im entsprechenden Pixel gespeicherten Wert verglichen, wobei der größere die Sichtbarkeit kennzeichnet. Gegebenenfalls ist die Pixelinformation zu aktualisieren. Die Voraussetzungen zum Zugriff auf den Bildwiederholspeicher sind bei Punktrasterbildschirmen gegeben.

6 Flexible Teileprogrammerstellung und -verarbeitung

Stand in den letzten Abschnitten die optimierte und integrierte Erstellung geometrischer und technologischer Anweisungen eines Teileprogramms im Vordergrund, sind nun entsprechend der Forderungen aus Kapitel 2 und 3 Möglichkeiten zur Erhöhung der Flexibilität bei Teileprogrammerstellung und -verarbeitung unter Beschränkung auf die Bearbeitungsprogrammierung zu untersuchen. Flexibilität kann dabei erreicht werden durch:

- die Aufteilung der Gesamtbearbeitung eines Werkstücks nach der Teileprogrammerstellung in Einzelabschnitte, die entsprechend einer mehrstufigen Bearbeitung zeitversetzt und/oder auf verschiedenen Maschinen ausführbar sind (Segmentierung);
- eine weitgehende Maschinenunabhängigkeit des Teileprogramms, die durch die zeitlich vor der Fertigung liegende Teileprogrammierung verlangt wird.

Nach dem Strukturkonzept aus Bild 3.3 bedingt die Forderung nach Maschinenunabhängigkeit bei der Realisierung zwei funktional abgrenzbare Aufgabenbereiche in sich ergänzenden Phasen. Im Planungsabschnitt sind durch die Bearbeitungsanalyse die für eine Bearbeitung einsetzbaren Maschinen festzustellen, wogegen in der Prozeßphase die endgültige Maschinenauswahl und die NC-Steuerdatenerstellung erfolgt. Die Gliederung nachfolgender Ausführungen orientiert sich an diesen Schwerpunktaufgaben.

6.1 Segmentierung

Die Aufteilung einer Gesamtbearbeitung in Einzelabschnitte kann zum einen nach allgemeingültigen, sich wiederholenden Kriterien vorgenommen werden. Darüber hinaus gehen jedoch auch nicht algorithmierbare werkstück- und fertigungssystemspezifische Faktoren ein, die die Qualität des Werkstücks maßgeblich bestimmen und nur vom Programmierer aufgrund seiner Kenntnis und Erfahrungen zu beurteilen sind. Als Beispiel sind hier Paßbohrungen mit engen Lagetoleranzen anzuführen, die möglichst ohne Werkstücktransport und Maschinenwechsel herzustellen sind.

Diese Einflüsse bedingen, daß die Segmentierung sowohl durch Teileprogrammanweisungen steuerbar sein muß, andererseits aber auch Rechnerunterstützung bei bestimmten Konstellationen von Bearbeitungen vorzusehen ist. Da wesentliche Informationen wie z.B. zu den Werkzeugen bei automatischer Technologieplanung im Teileprogramm noch nicht vorliegen, bieten sich die CLDATA als Schnittstelle für die Segmentierung an, die sämtliche Ergebnisse der Processorverarbeitung beinhalten. Die Verwendung von NC-Steuerdaten als Eingabe wie in /29/ bringt demgegenüber Nachteile durch die Maschinenabhängigkeit der NC-Programme mit sich.

Die einfachste Realisierungsmöglichkeit zur Segmentierung besteht im Erstellen autark ablauffähiger Einzelteileprogramme. Sie ist mit den Mitteln der Basisprogrammiersysteme durchführbar und schließt keine weitere Rechnerunterstützung ein. Das hier entwickelte Prinzip basiert im Gegensatz dazu auf einem Teileprogramm, das sämtliche Definitionen und Arbeitsgänge umfaßt. Nach Bild 6.1 können darin Anweisungen programmiert sein, die für bestimmte Bereiche eine automatische Segmentierung unterbinden bzw. erlauben sowie direkt Segmentierungsstellen an-

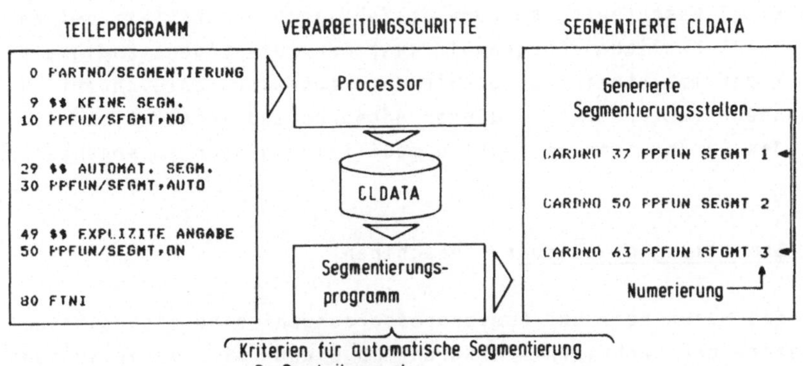

Bild 6.1: Ablauf und Schnittstellen bei der Segmentierung

zeigen, die Anfang bzw. Ende eines Bearbeitungsabschnitts kennzeichnen. Um Auswirkungen auf den Processor zu vermeiden, der lediglich die Anweisungsteile weiterzuleiten und in den CLDATA aufzuführen hat, wurde als Hauptwort PPFUN gewählt, das die geforderte Funktion als Postprocessoranweisung erfüllt.

Das Segmentierungsprogramm, das organisatorisch im Modul der Bearbeitungsanalyse eingegliedert ist (vgl. 6.2), prüft automatisch auf weitere Segmentierungsstellen und fügt sie gegebenenfalls ein, so daß anschließend ein CLDATA-Text mit direkt angegebenen und generierten Segmentierungsstellen vorliegt. Im realisierten Ausbau werden bei Erkennen eines Wechsels zwischen Fräs- und Bohrbearbeitung, bei Verwendung bestimmter Einzelwerkzeuge, die nur einmal im System vorhanden sind, und bei einem Wechsel der Bearbeitungsseite, angezeigt durch Tischdrehungen, generierte Segmentierungsstellen ausgegeben. Die Numerierung der Abschnitte stellt ihre Identifikation sicher und erlaubt damit den definierten Zugriff in der Pozeßphase.

Durch die Postprocessoranweisungen und mit den CLDATA ist das Segmentierungsprogramm nicht ausschließlich auf die Verknüpfung mit EXAPT beschränkt, sondern erlaubt auch den Einsatz bei anderen APT-ähnlichen Programmiersystemen. Die Eigenständigkeit des Programmbausteins außerhalb des Processors erleichtert es Anwendern von FFS zudem, diesen entsprechend ihren weiterreichenden Forderungen einfach zu modifizieren oder zu ergänzen.

6.2 Ermittlung einsetzbarer Maschinen

Für die Maschinen- und Postprocessorauswahl sind dispositive, monetäre und technische Faktoren maßgebend /31/. Voraussetzung einer Maschinenauswahl für die hier relevanten technischen Aspekte ist die Kenntnis der alternativen Zuordnungen von Bearbeitungsanforderungen zu Bearbeitungsmöglichkeiten. Bild 6.2 zeigt das Konzept und die nachfolgend erläuterten Begriffe zur rechnerinternen Ausführung dieser Schritte. Daraus ergeben sich als zu behandelnde Teilaufgaben:

- Welche Detailinformationen bestimmen die Maschinenauswahl und wie lassen sich die mit den verfügbaren Maschinen gegebenen Bearbeitungsmöglichkeiten numerisch und für die Rechnerverarbeitung geeignet abbilden?
- Wie und in welcher Form sind die für jedes Werkstück bzw. dessen Bearbeitungssegmente spezifischen Bearbeitungsanforderungen zu erfassen und abzuspeichern?
- Wie kann ein rechnerinterner Vergleich zwischen Bearbeitungsanforderungen und Bearbeitungsmöglichkeiten erfolgen und das Ergebnis in einer Datei als Tabelle einsetzbarer Maschinen abgelegt werden?

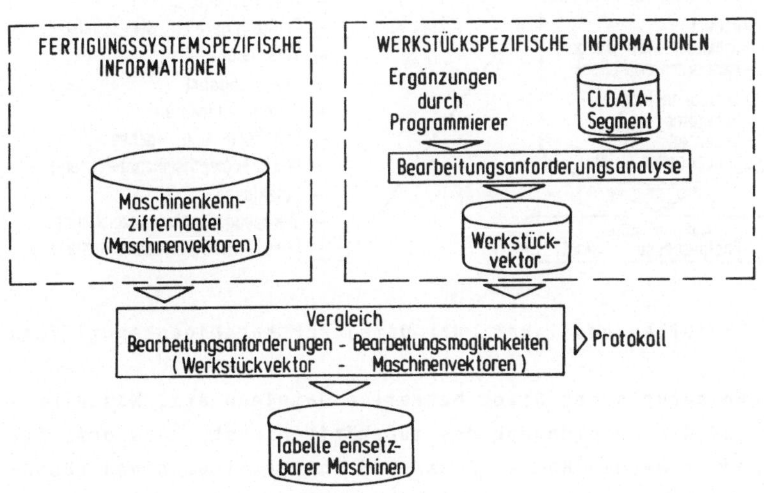

Bild 6.2: Vorgehensweise zur Ermittlung einsetzbarer Maschinen

6.2.1 Maschinenkennzifferndatei

Die für die Maschinenauswahl bestimmenden Kriterien sind sowohl bei manueller als auch bei rechnerunterstützter Vorgehensweise identisch, wobei im letzteren Fall ein numerisches Abbild der Maschinenmerkmale in Form einer Datei zu installieren ist. Diese Bearbeitungsmöglichkeiten lassen sich klassifizieren und als geometrische und technologische Grenzwerte nach Aufstellung eines Interpretationsschlüssels in Form eines Vektors abspeichern. In Bild 6.3 sind die für die Einordnung einer Maschine bestimmenden Kenngrößen aufgeführt.

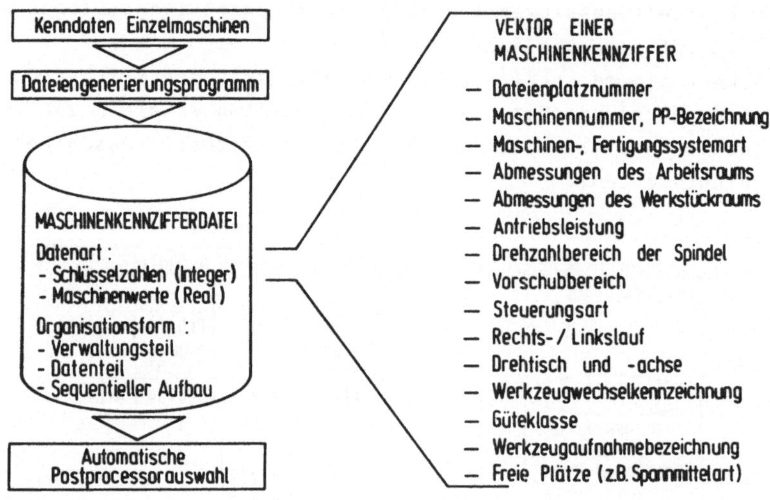

Bild 6.3: Aufbau und Inhalt der Datei für Maschinenkennziffern

Die organisatorischen Daten betreffen Dateienplatz, Maschinennummer und die Bezeichnung des zugehörigen Postprocessors. Als Maschinenart werden Bohr-, Fräs- und Universalmaschinen (Bohr-/Fräszentren) unterschieden, hier kann gleichfalls die Zuordnung zu einem Fertigungssystem gespeichert werden. Die geometrische Dimensionierung der Maschine wird durch den Werkstück- und Arbeitsraum jeweils in x-,y-,z-Komponenten beschrieben. Antriebsleistung, Drehzahl- und Vorschubbereich charakterisieren die möglichen Zerspanbedingungen. Wesentlich für die Leistungsfähigkeit von NC-Maschinen sind die über Kennziffern codierte Steuerungsart, Rechts-/Linkslauf, das Vorhandensein eines Drehtisches als zusätzliche Achse und die Möglichkeiten des Werkzeugwechsels. Mit der Güteklasse können Einzelmaschinen z.B. für Schlichtbearbeitungen reserviert werden, für die Werkzeugaufnahme kann ein betriebsinterner Schlüssel verwendet werden.

Zusätzliche, für den Anwender frei verfügbare Plätze gestatten die Abspeicherung weiterer Informationen wie z.B. Spannmittel aber auch Zeit- oder Kostenwerte, so daß über die in der linken Bildhälfte spezifizierte Datei als Gesamtheit aller Maschinenvektoren der NC-Maschinenpark für die rechnerische und manuelle Verarbeitung erfaßt ist.

Die Maschinendatei gliedert sich in den Verwaltungsteil mit Aussagen über Generierungsdatum sowie Anzahl der unter der jeweiligen Maschinenart abgelegten Vektoren und den Datenteil mit den

MASCHINENDATEI *** FFSDAT ***
STAND 25. 8. 1983 14.30

DATEIPLATZ	1	2	3	4	5	6	7
LFD. MASCHINENNUMMER	6	5	7	2	3	4	1
FERTIGUNGSSYSTEMNUMMER	0	0	0	0	0	0	0
MA.ART B=1/BFZ=2	1	1	1	2	2	2	2
PP-NAME	FFSR	FFSB	BOHR	DFCK1	DECK1	PPNEU	DECKR
STATUS AKTIV/INAKTIV	A	A	A	I	A	A	I
ARBEITSRAUM X	500.	500.	420.	600.	600.	550.	500.
Y	400.	400.	420.	400.	400.	400.	400.
Z	550.	550.	500.	400.	400.	400.	450.
WERKSTUECKRAUM X	450.	450.	350.	500.	500.	500.	450.
Y	400.	400.	420.	400.	400.	400.	400.
Z	400.	400.	450.	250.	250.	270.	280.
ANTRIEBSLEISTUNG (KW)	4.	4.	3.	6.	6.	3.5.	4.
SPINDELDREHZAHL MIN	30.	30.	30.	30.	30.	30.	30.
(U/MIN) MAX	2800.	2800.	2300.	3000.	3000.	2800.	2800.
VORSCHUB MIN	30.	30.	10.	10.	10.	30.	20.
(MM/MIN) MAX	2000.	2000.	2000.	3000.	3000.	3150.	2000.
STEUERUNG P=1/S=2/B=3	1	1	1	3	3	3	3
RECHTS-/LINKSLAUF J=1	1	1	1	1	1	1	1
DREHTISCH J=1	0	0	0	0	0	1	1
WERKZEUGAUFNAHME	40	40	40	40	40	40	40
GUETEGRAD	2	2	2	2	2	2	2
MASCH.STD.SATZ	190	190	200	220	220	200	200
FREI							
FREI							
FREI							

STATISTIK

ANZAHL BOHRMASCHINEN (B) 3
BOHR-/FRAESZENTREN (BFZ) 4

AKTUELLE AENDERUNG
AKTIVIEREN DATEIPLATZ 1

Bild 6.4: Ausgabe eines Generierungslaufs

Maschinenvektoren. In der Datei werden zuerst Bohr- und anschließend Bohr-/Fräszentren sortiert nach steigender Antriebsleistung, geführt.

Ein Dateiengenerierungsprogramm mit Dialogeingabe bietet die Funktionen Speichern, Löschen und Sperren, so daß die Erstellung und Anpassung an Änderungen schnell vorzunehmen sind. Eine Aktualisierung kann damit sogar bei temporären Stillegungen wie z.B. bei Reparaturen erfolgen. Bild 6.4 enthält neben Erläuterungen der Vektorgrößen die Daten der einzelnen Maschinenvektoren. Die Dokumentation der durchgeführten Aktion und eine Zusammenfassung ergänzen die Ausgabe.

6.2.2 Bearbeitungsanforderungsanalyse

Die Bearbeitungsanforderungen sind werkstückspezifische Extremwerte und als Äquivalente zu den Informationen des Maschinenvektors zu bestimmen, so daß ein nachfolgender Vergleich ausführbar ist. Als geeignete Form der Datenspeicherung wird deshalb ein Werkstückvektor eingeführt, der in Aufbau und Inhalt dem Maschinenvektor entsprechend gestaltet ist. Die unter 6.1 genannten Kriterien zur Auswahl der Schnittstelle gelten auch für die Bearbeitungsanforderungsanalyse, so daß die CLDATA als Informationsquelle Verwendung finden.

Die wesentlichen Daten des zu bestimmenden Werkstückvektors können zum Teil direkt den CLDATA entnommen werden bzw. sind durch rechnerische oder logische Verknüpfungen bestimmbar. Bei einzelnen Größen des Werkstückvektors aber auch anderen Programmiersystemen können die benötigten Werte jedoch nicht vollständig aus den CLDATA ermittelt werden. Die Plätze im Vektor werden in diesem Fall mit einer negativen Zahl vorbesetzt. Nach der vollständigen Abarbeitung der CLDATA werden über ein Dialogprogramm die ausstehenden Daten abgefragt, so daß am Ende der Bearbeitungsanalyse ein vollständig ausgefüllter Werkstückvektor verfügbar ist, wie aus Bild 6.2 zu ersehen ist.

Funktional ist die Vorgehensweise zur Ermittlung der Werkstückvektorwerte in diskrete Schritte gliederbar. Nach der Identifikation relevanter CLDATA-Sätze anhand ihrer Kennung, deren Verschlüsselung in der Norm festliegt, werden die Werte der Kenngrößen aus dem Satzinhalt errechnet. Enthält der betreffende Platz im Vektor bereits Daten aus einem vorhergehenden Satz, kann durch Vergleich der Extremwert ermittelt und eingetragen werden. Die programmtechnische Ausführung der Schritte ist für die nachfolgend erläuterten Kenngrößen spezifisch und deshalb über die in Bild 6.5 aufgeführte Struktur realisiert. Die aufgeführten Unterprogramme zeigen die berücksichtigten CLDATA-Satztypen.

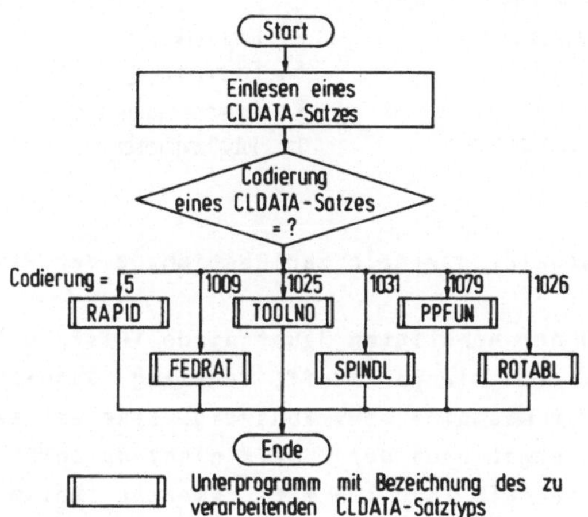

Bild 6.5: Struktur des Programmteils zur Bearbeitungsanforderungsanalyse

Das Erkennen einer Bohr- oder Fräsbearbeitung geschieht über die Klassifikation des Werkzeugs, wobei zur Bestimmung der unter Einbezug vorangegangener Bearbeitungen benötigten Maschinenart die Methode der Entscheidungstabellentechnik /60/ herangezogen wird. Die zugehörigen Entscheidungsregeln enthält Bild 6.6. Die maximalen Verfahrwege ergeben sich je Maschinenachse als Differenz zwischen größten und kleinsten Koordinaten. Für die Rohteilabmessungen sind spezielle Sätze vorgesehen, die allerdings bei den meisten Programmiersystemen nicht belegt werden und somit im nachgeschalteten Dialog zu ergänzen sind.

ENTSCHEIDUNGSTABELLE

Tn	Bestimmung der Maschinenart	R1	R2	R3	R4	R5	R6	R7
	eingetragene Maschinenart	3	2	2	1	1	-1	-1
	neues Werkzeug	-	B	F	B	F	B	F
	resultierende Maschinenart	3	3	2	1	3	1	2

Abarbeitung der Regeln →

Codierungen im Maschinenvektor:
- -1 Ausgangszustand
- 1 Bohrmaschine
- 2 Fräsmaschine
- 3 Bohr-/Fräsmaschine

B... Bohrwerkzeug
F... Fräswerkzeug
Rn...Entscheidungsregel n
Tn...Tabellennummer n

Bild 6.6: Entscheidungsregeln zur Bestimmung der Maschinenart

Die Ermittlung der benötigten Hauptspindelleistung ist von verschiedenen Faktoren wie Werkstoff, Werkzeug, Schnittbedingungen, Wirkungsgrad der Maschine usw. abhängig. Eine exakte Berechnung ist mit den Informationen der CLDATA nicht durchführbar. Im Programm sind deshalb Tabellen mit Eckwerten implementiert, die Interpolationen in Abhängigkeit von Werkstoff und Werkzeug erlauben und für eine Abschätzung hinreichend sind. Die Spindeldrehzahl und der Arbeitsvorschub sind direkt zu entnehmen, für die Festlegung der benötigten Steuerungsart sind die Bewegungssätze zu analysieren. Zu unterscheiden ist hierbei zwischen Arbeits- und Zustellbewegung, wobei als Kriterium für die Zustellung der Eilgang dient. Zur Ermittlung der resultierenden Steuerungsart werden wiederum Entscheidungstabellen eingesetzt. Weitere Anforderungen an die technische Ausstattung einsetzbarer Maschinen wie Drehtisch, Drehrichtungsumkehr, Kennzeichnung von Werkzeugfassungen sind aus den CLDATA ableitbar und vervollständigen den Werkstückvektor.

6.2.3 Vergleich des Werkstückvektors mit den Maschinenvektoren

Durch Vergleich des Werkstückvektors mit den abgespeicherten Maschinenvektoren sind die für die Bearbeitung geeigneten Maschinen ermittelbar (Bild 6.2) und werden als tabellarische Datei abgelegt. Beim erarbeiteten Algorithmus wird zuerst auf die benötigte Maschinenart geprüft, danach werden Werkstück und Arbeitsraum sowie die technologischen Merkmale betrachtet. Die freien Plätze des Maschinenvektors bleiben beim rechnerinternen Vergleich unberücksichtigt. Bild 6.7 zeigt exemplarisch das Ergebnis dieses Programmabschnitts als klarschriftlichen Ausdruck. Im oberen Bildteil wird der zugrunde liegende Werkstückvektor, darunter die Liste der einsetzbaren Maschinen mit ihren Kenngrößen angegeben.

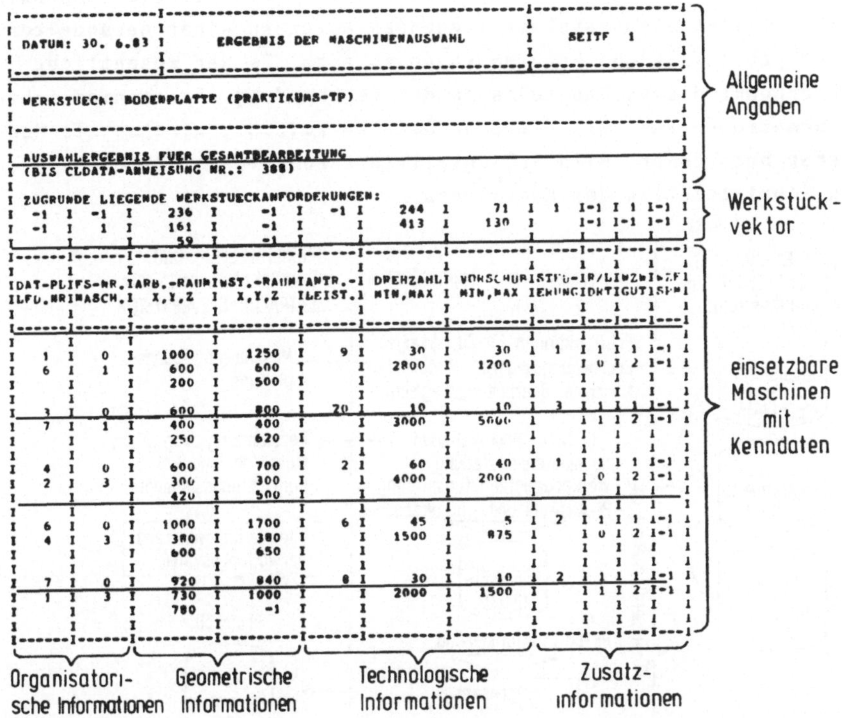

DATUM: 30. 6.83 | ERGEBNIS DER MASCHINENAUSWAHL | SEITE 1

WERKSTUECK: BODENPLATTE (PRAKTIKUMS-TP)

AUSWAHLERGEBNIS FUER GESAMTBEARBEITUNG
(BIS CLDATA-ANWEISUNG NR.: 388)

ZUGRUNDE LIEGENDE WERKSTUECKANFORDERUNGEN:

-1	-1	236	-1	-1	244	71	1	-1	1	-1
-1	1	161	-1		413	130		-1	-1	-1
		59	-1							

DAT-PL LFD.NR	IFS-NR. MASCH.	ARB.-RAUM X,Y,Z	WST.-RAUM X,Y,Z	ANTR.-LEIST.	DREHZAHL MIN,MAX	VORSCHUB MIN,MAX	STEU-ERUNG	R/L DRT	WZW GUT	ZF SPM
1	0	1000	1250	9	30	30	1	1	1	-1
6	1	600	600		2800	1200		0	2	-1
		200	500							
3	0	600	800	20	10	10	3	1	1	-1
7	1	400	400		3000	5000		1	2	-1
		250	620							
4	0	600	700	2	60	40	1	1	1	-1
2	3	300	300		4000	2000		0	2	-1
		420	500							
6	0	1000	1700	6	45	5	2	1	1	-1
4	3	380	380		1500	875		0	2	-1
		600	650							
7	0	920	840	8	30	10	2	1	1	-1
1	3	730	1000		2000	1500		1	2	-1
		780	-1							

Bild 6.7: Ergebnis eines Rechenlaufs

Als ergänzender Grundbaustein ist ein Programm zur Errechnung der geometrischen und technologischen Auslastung einer Maschine als Relation zwischen quantisierter angebotener und benötigter Eigenschaft z.B. maximal möglichem Verfahrweg einer Maschine zu errechnetem Verfahrweg für die Werkstückbearbeitung verfügbar. Er bildet mit die Grundlage einer Maschinenauswahl nach technischen Kriterien.

6.3 Maschinenauswahl und NC-Steuerdatenerstellung

Nach Ablauf der Tätigkeiten in der Planungsphase sind sämtliche Voraussetzungen gegeben, kurzfristig die Maschinenauswahl und NC-Steuerdatenerstellung in der Prozeßphase vornehmen zu können. Entsprechend dem Rahmenkonzept aus Kapitel 3 fallen die außerhalb des zentralen Steuersystems liegenden Aufgaben einer gesonderten, autark ablauffähigen Programmkomponente zu. Da der wesentliche Schwerpunkt dieses Bausteins in der Verknüpfung unterschiedlicher Informationen aus verschiedenen Dateien besteht, wird er als Montierer bezeichnet. Bild 6.8 detailliert Funktionen, Gliederung und Schnittstellen des Montierers.

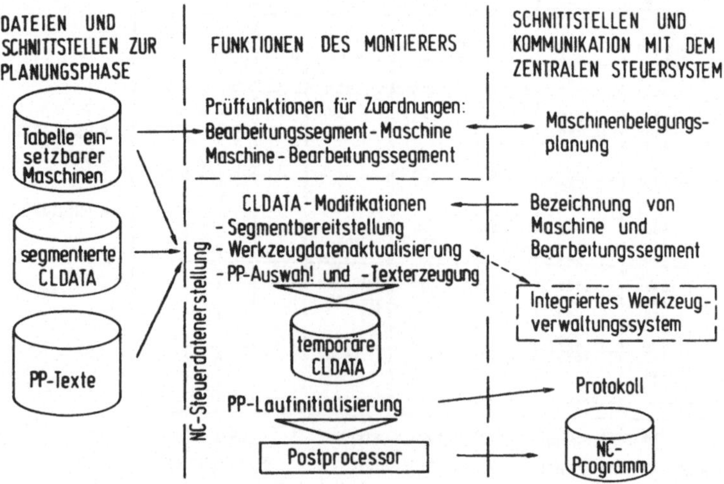

Bild 6.8: Komponenten und Schnittstellen des Montierers

Basierend auf den Vorgaben der zu bearbeitenden Werkstücke und der zeitlichen Verfügbarkeit der einzelnen NC-Maschinen sind für die Maschinenbelegungsplanung im Rahmen der internen Disposition zwei Fragestellungen von Interesse. Welche Werkstücke oder Bearbeitungssegmente können welchen Maschinen zugeordnet werden bzw. ausgehend von der Maschine die Frage nach geeigneten Werkstücken für eine bestimmte, noch nicht ausgelastete Maschine. Die benötigten Informationen lassen sich der Tabelle einsetzbarer Maschinen entnehmen, wozu ein Programmteil zur Ausführung dieser Prüffunktionen im Montierer bereitsteht.

Mit den übermittelten Daten geschieht die Maschinenauswahl durch die interne Disposition. Die Rückmeldung der Bezeichnungen von Maschine bzw. Werkstück oder Bearbeitungssegment in den Montierer veranlaßt über Zwischenschritte die NC-Steuerdatenerstellung. Die Ausführung eines Programmlaufs einschließlich der Steuerung von Funktionen des Montierers muß grundsätzlich durch die interne Disposition initiiert werden, wobei der Datenaustausch zwischen beiden Komponenten über gemeinsam ansprechbare Speicherbereiche im Rechner und definierte Steuergrößen zu erfolgen hat.

Als erster Schritt bei der NC-Steuerdatenerstellung sind die notwendigen CLDATA-Informationen aus den segmentierten CLDATA bereitzustellen. Um einen vollständigen CLDATA-Text zu erhalten, der mit den vorhandenen Postprocessoren verarbeitet werden kann, sind verschiedene Modifikationen auszuführen. Zu Beginn der CLDATA werden die während der Processorverarbeitung ausgewählten Werkzeuge aufgelistet, wobei für FFS im Sinne einer Maschinenunabhängigkeit als Basis der gesamte Werkzeugbestand berücksichtigt werden muß. Notwendigerweise sind häufig benötigte Werkzeuge mehrfach im System vorhanden, vom Processor wird jedoch nur die Bezeichnung eines Werkzeugs aufgeführt. Dem Montierer kommt hier die Aufgabe zu, die Verfügbarkeit eines Werkzeugs zu prüfen und gegebenenfalls die Werkzeugdaten durch Daten einer Alternative im CLDATA zu ersetzen. Korrekturwerte sind damit im Postprocessor verarbeitbar.

Bei der Pilotanlage kann die Berücksichtigung von Alternativen auf wenige Werkzeuge beschränkt werden. Für FFS mit anderen gerätetechnischen Merkmalen sowie bei höherer Maschinenzahl wird allerdings ein integriertes Werkzeugverwaltungssystem erforderlich werden, das Schnittstellen zur NC-Programmierung, zum zentralen Steuersystem und zum Montierer bieten muß.

Nach den Werkzeugdaten fügt der Montierer die postprocessorspezifischen Sätze, die der Datei der PP-Texte entnommen werden, in den CLDATA ein. Im wesentlichen sind dies die Beziehung zwischen Werkstück- und Maschinenkoordinatensystem (TRANS-Anweisung) sowie Angaben zur Werkzeugwechselposition (SAFPOS). Im weiteren Verlauf der CLDATA auftretende PP-Befehle werden umgesetzt, falls dies der gewählte Postprocessor bedingt. Eine jeweils anzugebende FINI-Anweisung beendet den temporären CLDATA-Text. Anschließend startet der Montierer den Ausführungslauf des Postprocessors. Als Ergebnis wird an das Steuersystem das NC-Programm und ein Protokoll übergeben, dessen Aufbau und Inhalt aus Bild 6.9 ersichtlich sind. Danach kann der Speicherbereich für die temporäre CLDATA wieder freigestellt werden.

```
*************************************************************************
*                                                                       *
*                        MONTIERERPROTOKOLL                             *
*      DATUM    2.9.1983                    UHRZEIT    11.17            *
*                                                                       *
*************************************************************************

*** EINGABEDATEN ***

   BEZEICHNUNG DES AUFTRAGS VOM ZENTRALEN STEUERSYSTEM      VEN12
   BEZEICHNUNG DES TEILEPROGRAMMS                           VENTILBLOCK
   CLDATA-SATZNUMMERN DES BEARBEITUNGSSEGMENTS              120 ...    240

 *** AUSGABEDATEN ***

   AUSGEWAEHLTER POSTPROCESSOR                              PPNFU
   BEZEICHNUNG DES NC-PROGRAMMS                             NCVEN.S3
   GESAMTBEARBEITUNGSZEIT                                   7.09 MIN

   EINRICHTEDATEN
     TRANS-WERTE      X:     92.50     Y:   -335.44     Z:   -549.50

   WERKZEUGLISTE

     WERKZEUGART        DURCHMESSER    EINSTELLAENGE     IDENTNUMMER

     FRAESER              133.00          180.00           347755
     SPIRALBOHRER           8.70          370.00           110041
     SPIRALBOHRER          10.00          450.00           110035
     STIRNSENKER           14.95          250.00           150351
```

Bild 6.9: Protokollausgabe des Montiererlaufs

Mit diesem Konzept und den dargelegten Bausteinen ist gewährleistet, daß nur tatsächlich benötigte NC-Programme erstellt werden und durch den Einbezug von Daten des zentralen Steuersystems die geforderte Flexibilität zu erreichen ist.

7 Zusammenfassung

Die mit sinkenden Stückzahlen und schnellen Produktwechseln einhergehenden Forderungen an die Fertigungstechnik lassen sich mit flexiblen Fertigungssystemen erfüllen. Neben Aufbau und Verknüpfung der Fertigungseinrichtungen haben die Möglichkeiten der Rechnerunterstützung durch Programmbausteine und die Gestaltung des organisatorischen und technischen Informationsflusses wesentliche Bedeutung für die Leistungsfähigkeit eines FFS. Diese Arbeit behandelt den Aspekt der integrierten NC-Steuerdatenerstellung und -anwendung unter Beachtung der Einflüsse und Schnittstellen des zentralen Steuersystems als prozeßnahe Softwarekomponente. Gemäß der Häufigkeit bei realisierten FFS wird primär auf die Fertigung eines prismatischen Werkstückspektrums eingegangen.

Die Zielsetzung einer integrierten NC-Steuerdatenerstellung liegt bei der Mehrfachverwendung einmalig eingegebener Daten und strebt durch Verlagerung algorithmierbarer Tätigkeiten in Programme eine Optimierung der Vorgehensweise bei der NC-Programmierung an. Sie führt neben der Reduktion des Programmieraufwandes zur Erhöhung der Sicherheit gegen Programmierfehler.

Nach der Analyse des Steuerdatenbedarfs und derzeit angewandter Erstellungsmethoden für NC-Programme bei FFS wurde ein Pflichtenheft und Strukturkonzept erarbeitet. Das Konzept zeigt mit der Planungs- und der Prozeßphase zwei sich ergänzende, funktional und zeitlich sich unterscheidende Abschnitte auf.

Eine Teilaufgabe in der Planungsphase ist die integrierte Geometriedatenerstellung. Basierend auf einer Untersuchung benötigter geometrischer Informationen zur NC-Programmierung für Bearbeitungsmaschinen, Mehrkoordinatenmeßgeräte, NC-Spanneinrichtungen und von Daten aus CAD-Systemen wurden verschiedene Alternativen diskutiert und das Konzept der zentralen fertigungsbezogenen Geometriedatenbasis als Grundlage weiterer Arbeiten ausgewählt. Dabei erfolgt einmalig eine vollständige Beschreibung aller als Operationsflächen bezeichneter, fertigungsrelevanter Werkstückbereiche. Das volumenorientierte Beschreibungsprinzip erlaubt die Verknüpfung der an einem prismatischen Werkstückspektrum auftretenden Operationsflächen mit begrenzenden und durchdringenden Flächen verschiedenen Typs.

Die Realisierung der Geometriedatenbasis weist eine hierarchisch organisierte, relationale Datenstruktur auf. Gesichtspunkte des Einsatzes von Datenbanksystemen sowie der Generierung von Geometriedaten aus CAD-Systemen über die in Normung befindliche IGES-Schnittstelle sind berücksichtigt.

Bei der Anwendung der integrierten Geometriedatenbasis wurden verschiedene Modelle exemplarisch vorgestellt. Die Verknüpfung mit EXAPT und N.C.M.E.S. wurde jeweils über ein Anpaßprogramm ausgeführt, das die Unterprogrammtechniken der Systeme konsequent nutzt und ein Teileprogramm ausgibt. Es kann ohne Processoränderungen verarbeitet werden, da die Realisierung erweiterter Technologiefunktionen Bestandteil des Anpaßprogramm ist.

Ein entwickelter Grafikmodul greift im Gegensatz dazu direkt auf die Geometriedatenbasis zu und erlaubt aufgrund wählbarer Elemente und Darstellungsformen eine effiziente Kontrolle der Eingabe. Die ergänzende Abbildung von Verfahrwegen und abstrahierten Werkzeug- bzw. Tasterdarstellungen ist im Dialog programmierbar. Die Erweiterbarkeit des Moduls für Farbgrafikausgaben wurde anhand einer Analyse der verfügbaren Gerätetechniken und Schnittstellen nachgewiesen. Betrachtungen zur farbigen, den räumlichen Eindruck unterstützenden Darstellung von Kanten und Flächenelementen schließen sich an.

Mit den segmentierten CLDATA und der Tabelle einsetzbarer Maschinen liegen die Ergebnisse der Planungsphase maschinenunabhängig vor. Sie werden unter Einbezug von Daten des zentralen Steuersystems durch den entwickelten Montierer kurzfristig zu NC-Programmen verarbeitet. Die einfache Berücksichtigung geänderter Maschinenbelegungspläne oder einer neuen Segmentierung der Gesamtbearbeitung kennzeichnet die erzielte Flexibilität.

Schrifttum

/ 1/ Leibinger, B. Die Fertigungstechnik in der Bundesrepublik Deutschland. wt-Z.ind.Fertig. 73 (1983) H.5, S.277 ... 281.

/ 2/ Warnecke, H.-J. Entwicklungstendenzen zu flexiblen Fertigungssystemen. Schweizer Maschinenmarkt 81 (1981) H.9, S.50 ... 57.

/ 3/ Spur, G., Mertins, K. Flexible Fertigungssysteme, Produktionsanlagen der flexiblen Automatisierung. ZwF 76 (1981) H.9, S.441 ...448.

/ 4/ Rempp, H. Einsatz flexibler Fertigungssysteme. Werkstatt und Betrieb 115 (1982) H.3, S.175 ... 182.

/ 5/ Stute, G. Flexible Fertigungssysteme. wt-Z.ind.Fertig. 64 (1974), H.3, S.147 ... 156.

/ 6/ Herrmann, P., Pferdmenges, R. Flexible Fertigungskonzepte. VDI-Z. 122 (1980), H.15/16, S.667 ... 677.

/ 7/ Storr, A. Planung und Realisierung flexibler Fertigungssysteme. wt-Z.ind.Fertig. 69 (1979) H.11, S.681 ...694.

/ 8/ Mertins, K. Entwicklungsstand flexibler Fertigungssysteme in den USA. ZwF 76 (1981) H.2, S.81 ... 85.

/ 9/ Stadie, W. Flexible Fertigungssysteme in Japan. ZwF 75 (1980) H.1, S.28 ... 32.

/10/ Steinmüller, P.H. Flexible Fertigungssysteme und ihr zukünftiger Einsatz in der Industrie. Ind.-Anz. 103 (1981) H.104, S.35 ... 37.

/11/ Kohl, R., Schmatz, W., Storr, A., Wagner, E. Steuersystem für ein Mehrkoordinatenmeßgerät. wt-Z.ind.Fertig. 72 (1982) H.5, S.265 ... 268.

/12/ Pfeifer, T., Golüke, H. Maschinelle Programmierung von Mehrkoordinatenmeßgeräten. QZ 24 (1979) H.5, S.124 ... 128.

/13/ Schöling, H. Optimierung der off-line-Programmierung von CNC-Mehrkoordinatenmeßgeräten. Dissertation, RWTH Aachen, 1982.

/14/ Warnecke, H.-J., Kampa, H. Qualitätssicherung in flexiblen Fertigungssystemen. Feinwerktechnik und Meßtechnik 87 (1979) H.5, S.210 ... 215.

/15/ Ohnheiser, R., Steinhilber, H. Integration eines Mehrkoordinatenmeßgerätes in ein flexibles Fertigungssystem. HGF-Kurzberichte (Lose-Blatt-Sammlung) Blatt 83/2, Essen: Girardet, 1983.

/16/ Autorenkollektiv Software für flexible Fertigungssysteme - Bericht des PDV-Arbeitskreises. KFK-PDV-Bericht 180, Kernforschungszentrum Karlsruhe GmbH, 1979.

/17/ Schulz, H., Weseslindtner, H. Software für flexible Fertigungssysteme. ZwF 75 (1980) H.8, S.370 ... 375.

/18/ Grabowski, H., Anderl, R. — Zukünftige Arbeitsweisen in Konstruktion und Arbeitsvorbereitung. tz für Metallbearbeitung 76 (1982) H.11, S.44 ... 52.

/19/ Spur, G. — Technischer Informationsfluß beim Einsatz der EDV. wt-Z.ind.Fertig. 73 (1983) H.7, S.435 ... 445.

/20/ Obermann, K. — CAD/CAM Handbuch ´82. Coburg: IVG-Verlag, 1982.

/21/ Krause, F.-L. — Systeme der CAD-Technologie für Konstruktion und Arbeitsplanung. München, Wien: Hanser-Verlag, 1980.

/22/ Eigner, M., Maier, H. — Einführung und Anwendung von CAD-Systemen. München, Wien: Hanser-Verlag, 1982.

/23/ Ernst, G., Imbusch, K. — Dialogorientierte NC-Teileprogrammerstellung im Rahmen der Systeme AUTAP und EXAPT. Ind.-Anz. 102 (1980) H.55, S.25 ... 28.

/24/ Storr, A. — Programmieren von NC-Maschinen. wt-Z.ind.Fertig. 73 (1983) H.1, S.29 ...39.

/25/ Lederer, R., Mayer, J., Ohnheiser,R. — Programmierverfahren für NC-Werkzeugmaschinen. wt-Z.ind.Fertig. 73 (1983) H.8, S.539 ... 541.

/26/ Eversheim, W., Zons, K.-H. — Stand und Entwicklung von Programmierverfahren. tz für Metallbearbeitung 75 (1981) H.9, S. 23 ... 26.

/27/ Bauer, E. Steuerstrukturen für flexible Fertigungssysteme. wt-Z.ind.Fertig 70 (1980) H.8, S.521 ... 524.

/28/ Stute, G., Storr, A., Grossmann, B., Renn, W., Schwager, J. Steuersystem für ein Fertigungssystem mit integriertem Materialfluß. 14th CIRP International Seminar of Manufacturing Systems. Trondheim, Norwegen: Juni 1982.

/29/ Döttling, W. Flexible Fertigungssysteme - Steuerung und Oberwachung des Fertigungsablaufs. Berlin, Heidelberg, New York: Springer-Verlag, 1981.

/30/ Mengerssen, K. Bearbeitungsalternativen für prismatische Werkstücke in flexiblen Fertigungssystemen. tz für Metallbearbeitung 74 (1980) H.10, S.56 ... 58.

/31/ Weck, M., Zühlke, D. Programmiersprache für NC-Handhabungsgeräte. Ind.-Anz. 102 (1980) H.37, S.27 ... 30.

/32/ Tuffentsammer,K., Götz, E., Reibenwein, V. Aufbau flexibler Fertigungssysteme beim Einsatz numerisch gesteuerter Werkstückspannvorrichtungen. tz für Metallbearbeitung 75 (1981) H.9, S.28 ... 33.

/33/ DIN 66025 Programmaufbau für numerisch gesteuerte Arbeitsmaschinen. Februar 1972.

/34/ Wollersheim, R., Schöling, H. — CIDATA-Informationen des Steuerlochstreifens für NC-Meßmaschinen. Unveröffentlichte interne Notiz Nr.37 zum Vorhaben N.C.M.E.S., WZL der RWTH Aachen, 1979.

/35/ Berner, A. — Integrierte Informationsverarbeitung am Beispiel der Verknüpfung fertigungstechnisch orientierter Programmiersysteme. Berlin, Heidelberg, New York: Springer-Verlag, 1979.

/36/ N. N. — EXAPT 1.1 Sprachbeschreibung. Aachen: EXAPT-Verein, 1982.

/37/ Budde, W., Adamczyk, P. — Anwendungstechniken des neuen EXAPT-Modulsystems. ZwF 75 (1980) H.6, S.280 ... 284.

/38/ N. N. — N.C.M.E.S. Sprachbeschreibung. Aachen: EXAPT-Verein, 1981.

/39/ Stute G. — Grundgedanken von MPST. In KFK-PDV-Bericht 145, Kernforschungszentrum Karlsruhe GmbH, 1978, S.16 ... 30.

/40/ Ohnheiser, R., Wang, Z. L. — Maschinennahe Korrektur von NC-Steuerdaten im Teileprogramm. HGF-Kurzberichte (Lose-Blatt-Sammlung) Blatt 83/29, Essen: Girardet, 1983.

/41/ Ohnheiser, R. — Steuerung und Aufbau eines Grafikmoduls. HGF-Kurzberichte (Lose-Blatt-Sammlung) Blatt 82/22, Essen: Girardet, 1982.

/42/ Eversheim, W., Wesch, H. — Rechnerunterstützte Fertigungsmittelauswahl auf der Basis von Optimierungsmodellen. maschine + werkzeug (1982) H.16, S.22 ... 30 und H.18, S.21 ... 24.

/43/ N. N. Unterlagen zur technischen Tagung des EXAPT-Vereins am 14.5.1982.
Aachen: EXAPT-Verein, 1982.

/44/ Sanzenbacher, M. NC-gerechte Beschreibung von Werkstücken mit gekrümmten Flächen.
Berlin, Heidelberg, New York: Springer-Verlag, 1982.

/45/ Walter, W. Fräsbahnberechnung und interaktive NC-Programmierung von Werkstücken mit gekrümmten Flächen.
Berlin, Heidelberg, New York: Springer-Verlag, 1982.

/46/ Dreher, W. NC-gerechte Beschreibung von Werkstücken in fertigungstechnisch orientierten Programmiersystemen.
Berlin, Heidelberg, New York: Springer-Verlag, 1980.

/47/ Klug, H. Integration automatisierter technischer Betriebsbereiche.
Berlin, Heidelberg, New York: Springer-Verlag, 1978.

/48/ Pohlmann G. Rechnerinterne Objektdarstellungen als Basis integrierter CAD-Systeme.
München, Wien: Hanser-Verlag, 1982.

/49/ Kurth, J. Nutzwertanalyse als Entscheidungshilfe bei der Auswahl von NC-Programmiersystemen.
ZwF 67 (1972) H.10, S.509 ... 517.

/50/ Lewis, J.W., Kennicott, P.R. Designing IGES-Processors.
Proceedings CAM-I, 10th Annual Meeting.
Fort Worth, USA: 1981.

/51/ Herwig, K. IGES - ein CAD-Standard zur systemunabhängigen Obertragung grafischer Informationen. CAD/CAM 2 (1983) H.3, S.40 ... 41.

/52/ Hellwig, U., Hellwig, H.-E., Paulus, M. Die Kopplung von CAD und CAM. VDI-Z 125 (1983) H.10, S.365 ... 360 und H.11, S.455 ... 460.

/53/ Podhajski, L. Rechnerunterstützte Prüfung NC-gefertigter Werkstücke und ihrer Teileprogramme. Hannover: Dr.-Ing. Dissertation, 1980.

/54/ Encarnaçao, J.L. Computer Graphics. München, Wien: Oldenbourg-Verlag, 1975.

/55/ Spur, G., Mayr, R., Müller, G., Sieber, P. Verfahren zur Berechnung verdeckter Kanten im CAD-System COMPAC. ZwF 75 (1980) H.9, S.447 ... 452.

/56/ Ganz, R., Dohrmann, H.-J. Farbgrafische Ausgabesysteme. ZwF 76 (1981) H.5, S.223 ... 237.

/57/ Neuhäuser, B. Drei Techniken im Vergleich. Markt & Technik (1983) H.12, S.65 ... 71.

/58/ Storr, A., Großmann, B., Ohnheiser, R. Steuerdatenerstellung und Steuerungsstruktur für das flexible Fertigungssystem unter Berücksichtigung neuer gerätetechnischer Entwicklungen. Berichtsheft zum Kolloquium des Sonderforschungsbereichs 155 - Fertigungstechnik - der Universität Stuttgart, Juli 1983, S.70 ... 85.

/59/ Enderle, G., Kansy, K., Pfaff, G., Prester, F.-J. Die Funktionen des Graphischen Kernsystems. Informatik Spektrum (1983) H.6, S.55 ... 75.

/60/ Elben, W. Entscheidungstabellentechnik. Berlin, New York: Walter de Gruyter-Verlag, 1973.

Berichte aus dem Institut für Steuerungstechnik der Werkzeugmaschinen und Fertigungseinrichtungen der Universität Stuttgart

Herausgegeben von Prof. Dr.-Ing. G. Stute †

Erschienen:

ISW 1 bis ISW 30 vergriffen

ISW 1: D. Schmid, Numerische Bahnsteuerung, 89 S., 1972

ISW 2: H. Schwegler, Fräsbearbeitung gekrümmter Flächen, 111 S., 1972

ISW 3: J. Eisinger, Numerisch gesteuerte Mehrachsenfräsmaschinen, 90 S., 1972

ISW 4: R. Nann, Rechnersteuerung von Fertigungseinrichtungen, 125 S., 1972

ISW 5: G. Augsten, Zweiachsige Nachformeinrichtungen, 140 S., 1972

ISW 6: B. Karl, Die Automatisierung der Fertigungsvorbereitung durch NC-Programmierung, 121 S., 1972

ISW 7: H. Eitel, NC-Programmiersystem, 117 S., 1973

ISW 8: E. Knorr, Numerische Bahnsteuerung zur Erzeugung von Raumkurven auf rotationssymmetrischen Körpern, 131 S., 1973

ISW 9: S. Bumiller, Viskohydraulischer Vorschubantrieb, 123 S., 1974

ISW 10: K. Maier, Grenzregelung an Werkzeugmaschinen, 139 S., 1974

ISW 11: J. Waelkens, NC-Programmierung, 159 S., 1974

ISW 12: E. Bauer, Rechnerdirektsteuerung von Fertigungseinrichtungen, 138 S., 1975

IWS 13: H. König, Entwurf und Strukturtheorie von Steuerungen für Fertigungseinrichtungen, 206 S., 1976

ISW 14: H. Damshon, Fünfachsiges NC-Fräsen, 143 S., 1976

ISW 15: H. Jetter, Programmierbare Steuerungen, 141 S., 1976

ISW 16: H. Henning, Fünfachsiges NC-Fräsen gekrümmter Flächen, 179 S., 1976

ISW 17: K. Boelke, Analyse und Beurteilung von Lagesteuerungen für numerisch gesteuerte Werkzeugmaschinen, 106 S., 1977

ISW 18: F.-R. Götz, Regelsystem mit Modellrückkopplung für variable Streckenverstärkung, 116 S., 1977

ISW 19: H. Tränkle, Auswirkungen der Fehler in den Positionen der Maschinenachsen beim fünfachsigen Fräsen, 103 S., 1977

ISW 20: P. Stof, Untersuchungen über die Reduzierung dynamischer Bahnabweichungen bei numerisch gesteuerten Werkzeugmaschinen, 118 S., 1978

ISW 21: R. Wilhelm, Planung und Auslegung des Materialflusses flexibler Fertigungssysteme, 158 S., 1978

ISW 22: N. Kappen, Entwicklung und Einsatz einer direkten digitalen Grenzregelung für eine Fräsmaschine mit CNC, 123 S., 1979

ISW 23: H. G. Klug, Integration automatisierter technischer Betriebsbereiche, 124 S., 1978

ISW 24: D. Binder, Interpolation in numerischen Bahnsteuerungen, 132 S., 1979

ISW 25: O. Klingler, Steuerung spanender Werkzeugmaschinen mit Hilfe von Grenzregeleinrichtungen (ACC), 124 S., 1979

SW 26: L. Schenke, Auslegung einer technologisch-geometrischen Grenzregelung für die Fräsbearbeitung, 113 S., 1979

SW 27: H. Wörn, Numerische Steuersysteme-Aufbau und Schnittstellen eines Mehrprozessorsteuersystems, 141 S., 1979

SW 28: P. B. Osofisan, Verbesserung des Datenflusses beim fünfachsigen NC-Fräsen, 104 S., 1979

SW 29: J. Berner, Verknüpfung fertigungstechnischer NC-Programmiersysteme, 101 S., 1979

SW 30: K.-H. Böbel, Rechnerunterstütze Auslegung von Vorschubantrieben, 113 S., 1979

SW 31: W. Dreher, NC-gerechte Beschreibung von Werkstücken in fertigungstechnisch orientierten Programmsystemen, 105 S., 1980

SW 32: R. Schurr, Rechnerunterstützte Projektierung hydrostatischer Anlagen, 115 S., 1981

SW 33: W. Sielaff, Fünfachsiges NC-Umfangsfräsen verwundener Regelflächen. Beitrag zur Technologie und Teileprogrammierung, 97 S., 1981

SW 34: J. Hesselbach, Digitale Lageregelung an numerisch gesteuerten Fertigungseinrichtungen, 111 S., 1981

SW 35: P. Fischer, Rechnerunterstützte Erstellung von Schaltplänen am Beispiel der automatischen Hydraulikplanzeichnung, 111 S., 1981

SW 36: U. Ackermann, Rechnerunterstützte Auswahl elektrischer Antriebe für spanende Werkzeugmaschinen, 118 S., 1981

SW 37: W. Döttling, Flexible Fertigungssysteme – Steuerung und Überwachung des Fertigungsablaufs, 105 S., 1981

SW 38: J. Firnau, Flexible Fertigungssysteme – Entwicklung und Erprobung eines zentralen Steuersystems, 112 S., 1982

SW 39: A. Herrscher, Flexible Fertigungssysteme – Entwurf und Realisierung prozeßnaher Steuerungsfunktionen, 103 S., 1982

SW 40: U. Spieth, Numerische Steuersysteme – Hardwareaufbau und Ablaufsteuerung eines Mehrprozessorsteuersystems, 115 S., 1982.

SW 41: A. Schimmele, Rechnerunterstützter Entwurf von Funktionssteuerungen für Fertigungseinrichtungen, 106 S., 1982

SW 42: M. Sanzenbacher, NC-gerechte Beschreibung von Werkstücken mit gekrümmten Flächen, 105 S., 1982.

SW 43: W. Walter, Interaktive NC-Programmierung von Werkstücken mit gekrümmten Flächen, 112 S., 1982.

SW 44: J. Huan, Bahnregelung zur Bahnerzeugung an numerisch gesteuerten Werkzeugmaschinen, 95 S., 1982.

SW 45: H. Erne, Taktile Sensorführung für Handhabungseinrichtungen – Systematik und Auslegung der Steuerungen, 111 S., 1982.

SW 46: D. Plasch, Numerische Steuersysteme – Standardisierte Softwareschnittstellen in Mehrprozessor-Steuersystemen, 112 S., 1983

SW 47: Z. L. Wang, NC-Programmierung – Maschinennaher Einsatz von fertigungstechnisch orientierten Programmiersystemen, 103 S., 1983

SW 48: J. Schwager, Diagnose steuerungsexterner Fehler an Fertigungseinrichtungen, 121 S., 1983

ISW 49: P. Klemm, Strukturierung von flexiblen Bediensystemen für numerische Steuerungen, 113 S., 1984

ISW 50: W. Runge, Simulation des dynamischen Verhaltens elektrohydraulischer Schaltungen – Einsatz von geräteorientierten, universellen Simulationsbausteinen, 132 S., 1984

ISW 51: H. Steinhilber, Planung und Realisierung von Werkzeugversorgungssystemen für die NC-Bearbeitung, 131 S., 1984

ISW 52: R. Ohnheiser, Integrierte NC-Steuerdatenerstellung für flexible Fertigungssysteme, 115 S., 1984

Springer-Verlag
Berlin · Heidelberg · New York · Tokyo